服装学交叉学科建设——北京市教委资助
哲学社会科学研究基地智库建设——北京市社科联、北京市社科规划办资助

服饰文化与时尚消费

蓝皮书

宁　俊｜主　编

姚　蕾　穆雅萍　李　莉｜副主编

中国纺织出版社有限公司

内 容 提 要

本书包含行业低碳发展篇、绿色消费篇和文化消费篇三篇内容。行业低碳发展篇基于机器学习技术预测纺织服装业碳排放量，分析碳排放影响因素。同时，以牛仔服装业为典型代表，探讨影响牛仔服装行业绿色发展的因素。绿色消费篇在梳理绿色消费，服装绿色消费认知、态度与行为等概念的基础上，构建服装绿色消费指数指标体系，探讨绿色消费传播策略。文化消费篇从纺织非遗的视角出发，探索北京文化消费提质路径及体验旅游升级的提质路径。

本书探讨了服饰文化与时尚消费的发展特征与规律，为推动纺织服装行业的可持续发展和北京时尚文化发展奠定了基础。

图书在版编目（CIP）数据

服饰文化与时尚消费蓝皮书 / 宁俊主编；姚蕾，穆雅萍，李莉副主编. -- 北京：中国纺织出版社有限公司，2024.11. -- ISBN 978-7-5229-2143-3

Ⅰ.TS941.12

中国国家版本馆 CIP 数据核字第 2024SW2708 号

责任编辑：施 琦 魏 萌　　责任校对：高 涵
责任印制：王艳丽

中国纺织出版社有限公司出版发行
地址：北京市朝阳区百子湾东里 A407 号楼　邮政编码：100124
销售电话：010—67004422　传真：010—87155801
http://www.c-textilep.com
中国纺织出版社天猫旗舰店
官方微博 http://weibo.com/2119887771
北京通天印刷有限责任公司印刷　各地新华书店经销
2024 年 11 月第 1 版第 1 次印刷
开本：787×1092　1/16　印张：13.75
字数：269 千字　定价：98.00 元

服饰文化与时尚消费蓝皮书

编撰委员会

主　编

宁　俊

副主编

姚　蕾　穆雅萍　李　莉

成　员

韩　燕　陆亚新　莫　凡

刘玉洁　李　晶　师　佳

葛娉婷　邵楚惠　姚　卓

服饰不仅是为了遮身蔽体，更是文化、艺术和个人风格的载体。时尚消费，作为现代社会中不可或缺的一部分，正在以其独特的方式影响着人们的生活方式、价值观念和文化趋势。在此背景下，笔者编写这部《服饰文化与时尚消费蓝皮书》，旨在深入探讨服饰文化的内涵、时尚消费的趋势以及两者之间的紧密联系。

服饰作为人类文明的重要组成部分，承载着丰富的历史与文化内涵。从古代的丝绸之路到现代的全球贸易网络，服饰文化在交流与融合中不断发展，承载了历史、文化、艺术和社会等多方面的信息，形成了多元而独特的风格与流派。中国作为全球最大的服装生产和出口国，其服饰文化更是源远流长，博大精深。

随着经济的持续发展与人民生活水平的不断提高，时尚消费逐渐成为人们追求品质生活的重要方式，被视为一种价值观念和文化追求。近年来，时尚消费的趋势也在不断变化，从追求奢华、品牌到注重个性、环保和可持续发展，这些变化反映了人们对美好生活的追求和对社会问题的关注。

服饰文化与时尚消费之间存在着密切的联系。服饰文化是时尚消费的基础和源泉，时尚消费则是服饰文化传承和创新的重要途径。

本书分为行业低碳发展篇、绿色消费篇和文化消费篇。行业低碳发展篇主要聚焦纺织服装行业碳排放问题，重点研究碳排放预测与影响因素。为深入分析纺织服装业碳排放情况、合理制订减排计划，引入人工智能领域的机器学习技术，预测未来不同发展情况下的碳排放量并分析碳排放影响因素，为实现碳中和提供科学决策的技术支撑。同时，以牛仔服装业为典型代表，通过对牛仔服装行业绿色发展影响因素进行归纳分析，从可持续发展角度找到切实可行的行业绿色发展对策。绿色消费篇从双碳政策提出的背景及政策解读入手，诠释绿色消费、服装绿色消费、绿色服装等概念，深刻剖析服装绿色消费认知、态度和行为，在梳理典型国家与地区服装绿色消费现状基础上，构建服装绿色消费指数体系，进一步探讨绿色消费传播策略。文化消费篇从纺织非遗的角度探索北京文化消费提质路径、体验旅游升级的提质路径。

北京，是完美契合"纺织非遗＋"文化价值和商业价值实现条件的最优沃土，它可以在文化上联结全国、辐射全世界，为各地的非物质文化遗产提供展示的舞台。进而充分挖掘出北京作为一个包容型、创新型国际大都市的文化创新能力和文化消费潜力。本书配有电子资源——"服装绿色消费指南"，用于向大众普及重要的常识、最新的成果和先进的意识，力争为服装绿色消费的提质升级提供鲜活、生动、形象的图本。该指南将相关知识以大众喜闻乐见的文字和图片进行系统化呈现，给予大众全面、科学、及时的知识指导和潜移默化的消费引导，帮助大众减少着装行为对于地球环境的影响，从社会与文化层面形成一种"服装绿色消费从我做起"的良好氛围。

　　本书旨在揭示服饰文化与时尚消费的发展趋势与规律，为读者提供一个全面、深入的视角来认识和理解服饰文化与时尚消费，为行业内外提供有价值的参考与借鉴。同时，笔者也期待与各位专家、学者及业内人士共同探讨服饰文化与时尚消费的未来发展之路，共同推动北京首都时尚文化发展和行业可持续发展。

北京服装学院

宁俊

2024年10月

目录
CONTENTS

第一篇

行业低碳发展篇

　　"3060"双碳目标体现了中国作为负责任大国的担当与承诺。要实现"3060"双碳目标，就必须调整经济结构和发展方式，推动产业绿色低碳发展，形成新的经济增长点。

　　纺织服装业是我国传统支柱产业之一，随着行业规模不断扩大，纺织服装业的碳排放问题日益严重，为实现"双碳"目标，中国纺织服装业亟待加快技术改造、调整产业结构。品牌企业需开发绿色环保面料、推行绿色智能生产。同时，也需要引导节约型消费，打造绿色服装生态链，让纺织服装业迈向绿色低碳发展之路。

　　研究碳排放相关问题对于制定科学的碳减排政策和路径具有重要作用，可以为减排目标制定、碳市场管理以及减排责任分配等方面提供重要依据。碳排放预测可为行业部门减排路径规划提供指导，是碳排放领域的研究重点。机器学习作为人工智能领域的重要分支之一，对解决实际问题起到至关重要的作用。基于机器学习技术构建纺织服装业碳排放预测模型并进行预测分析，可为政府提供科学的减排政策指引。

　　牛仔服装是世界上较受欢迎、受众人群范围最大的服装品类之一。然而，因牛仔服装在其生产过程中要用到大量的水资源，生产设备也会产生能源的消耗，且染料试剂的使用导致工业废水的大量排放，会造成诸多环境问题。本篇将重点分析牛仔服装行业绿色低碳发展问题，以进一步推动纺织服装行业的低碳经济发展。

第一章　纺织服装业碳排放预测与影响因素研究

一、纺织服装业碳排放量测算分析

（一）碳排放量测算方法

本书采用排放因子法对纺织服装业碳排放量进行测算。通过将不同能源的活动数据和其对应的排放因子相乘来估算碳排放规模，收集相关能源的活动数据，然后确定排放因子，即单位活动或产出的碳排放量。

1.数据来源

本书选择包含原煤、焦炭、汽油等纺织服装业广泛使用的 10 种燃料能源，以及热力和电力对纺织服装业碳排放量进行测算，相关数据均来自《中国统计年鉴2022》和《中国能源统计年鉴2022》。

2.碳排放量测算公式

排放因子法的计算如式（1-1）所示。

$$CE_t = AD_t \times EF_t \tag{1-1}$$

式中：CE_t 为能源t所产生的碳排放量；AD_t 为能源t的活动数据，即消耗量；EF_t 为能源t的排放因子。

燃料能源的碳排放测算如式（1-2）所示。

$$CE_i = AD_i \times NCV_i \times CC_i \times O \tag{1-2}$$

式中：CE_i 为燃料能源i的碳排放量；AD_i 为燃料能源i的消耗量；NCV_i 为燃料能源i的净热值；CC_i 为燃料能源i的碳含量；O 为燃料能源燃烧时的氧化比。

选择的燃料能源碳排放系数见表1-1。其中，热力的排放因子取不同研究的计算平均值7.79 tCO_2 e/TJ，电力排放因子取中国区域电网基准线排放因子的平均值。

表1-1　燃料能源碳排放系数

能源	NCV	CC
原煤	0.21	26.32
其他洗煤	0.15	26.32

能源	NCV	CC
焦炭	0.28	31.38
焦炉煤气	1.61	21.49
汽油	0.44	18.90
煤油	0.44	19.60
柴油	0.43	20.20
燃料油	0.43	21.10
液化石油气	0.47	20
天然气	3.89	15.32

（二）纺织服装业碳排放量测算结果分析

1.碳排放测算结果

测算出的1990—2020年中国纺织服装业碳排放量如表1-2所示，由表1-2可知：

（1）1990—1999年的中国纺织服装业碳排放

1990—1999年，纺织服装业碳排放量总体呈现稳步增长的趋势。1990年纺织业总体碳排放为6115.562万吨，占总碳排放的96.66%，纺织服装、服饰业碳排放占比仅为3.34%。中国纺织服装业高速发展、行业规模不断扩大、产量快速增长是导致碳排放量整体逐年增长的最直接原因。其中，纺织服装、服饰业的碳排放量增速较快，十年间增长了近四倍。综上，这一时期碳排放量的增长主要是行业产业蓬勃发展的结果。

（2）2000—2009年的中国纺织服装业碳排放

2000—2009年，纺织服装业碳排放量迅速增长，从7701.845万吨大幅上升到18270.79万吨。纺织业碳排放占比相较于上个十年有所下降，平均占比为89.10%，纺织服装、服饰业碳排放量平均占比上升至10.90%。在此期间，中国纺织服装业经历了生产规模的扩张，以满足国内和国际市场的需求，导致了碳排放量的急剧增加。政府虽然已经推广环境相关限制政策，并督促减少碳排放，行业企业也都响应国家号召，在能源使用和生产技术方面进行了一定的改进。然而，这种改进需要一定时间才能在整个行业范围内产生显著的变化，如开发新型环保面料、使用新型能源等。总体来说，这个时期内中国纺织服装业的碳排放量变化受到生产规模、需求波动、技术改进、国内外经济环境和政府政策等多种因素的影响。

（3）2010—2020年的中国纺织服装业碳排放

2010—2020年，纺织服装业碳排放量保持上升趋势。2018年，碳排放达到相对峰值，为21525.89万吨；2019年至2020年则出现拐点，开始连续下降，2020年纺织服装业碳排放量已降至17296.05万吨。总体来看，前期数据保持增长态势，其中增长幅度较大的年份可能与当年纺织服装出口额增加有关，如2013年。当中国经济增速放缓、内外需缩减时，碳排放量持续下降。2019年和2020年，行业碳排放量出现明显下滑趋势，可能是由于多种因素导致，如中美贸易摩擦等不确定性因素影响市场需求；产业转型升级加快，应用推广清洁生产技术；推进碳达峰、碳中和，加强了排放监测和管理。综上所述，这期间的碳排放变化主要是由于宏观经济形势和产业政策调整相互影响，既有周期性变化，也反映了可持续发展理念的推广成果。

表1-2　1990—2020年中国纺织服装业碳排放量

时间	纺织业碳排放量 （万吨）	纺织服装、服饰业碳排放量 （万吨）	纺织服装业碳排放量 （万吨）
1990年	6115.562	211.320	6326.882
1991年	6815.129	344.512	7159.641
1992年	7205.747	382.329	7588.075
1993年	6873.288	643.181	7516.468
1994年	7405.312	694.061	8099.373
1995年	8003.944	712.133	8716.077
1996年	7431.313	745.811	8177.124
1997年	7091.290	682.368	7773.659
1998年	6619.037	776.252	7395.289
1999年	6215.766	822.038	7037.804
2000年	6828.62	873.226	7701.845
2001年	7379.606	969.772	8349.378
2002年	8263.548	1041.519	9305.068
2003年	9252.434	1119.751	10372.180
2004年	12250.600	1346.272	13596.880
2005年	13796.600	1578.491	15375.090
2006年	16115.720	1903.678	18019.400
2007年	17269.870	2100.605	19370.470
2008年	17176.690	2179.328	19356.010
2009年	16221.070	2049.717	18270.790
2010年	17224.960	2218.717	19443.670
2011年	18152.380	2268.122	20420.510
2012年	18051.010	2583.773	20634.780
2013年	18719.830	2652.030	21371.860

时间	纺织业碳排放量 （万吨）	纺织服装、服饰业碳排放量 （万吨）	纺织服装业碳排放量 （万吨）
2014年	18073.070	2600.990	20674.060
2015年	17973.410	2560.067	20533.470
2016年	17547.150	2540.479	20087.630
2017年	17899.130	2297.460	20196.590
2018年	19032.340	2493.549	21525.890
2019年	16468.420	2128.279	18596.700
2020年	15302.540	1993.517	17296.050

2.碳排放相关数据分析

纺织服装业的能源消费量与碳排放量之间有着密不可分的关系，提高能源效率、投资清洁能源是减碳的关键手段。1990—2020年纺织服装业能源消费总量如表1-3所示。总体而言，1990—2003年，纺织服装业的能源消费保持在较低水平，未超过4000万吨标准煤；自2004年开始，纺织服装业能源消费总量急速上升，此后基本保持上升势头，偶有小范围水平的波动。2017年能源消费达到相对峰值8400万吨标准煤，2020年回落至7836万吨标准煤。

由表1-3可见，能源消费量是纺织服装业的发展规模、碳排放水平的一大衡量标准。当产业快速发展时能源消费也迅速上涨，使用不同能源相应所产生的碳排放量也随之增加。近年来，行业企业持续推进新型能源的使用，能源消费也因为能源结构的改变而发生变化。

表1-3　1990—2020年纺织服装业能源消费总量

时间	能源消费总量（万吨标准煤）	时间	能源消费总量（万吨标准煤）
1990年	3034	2000年	3377
1991年	3113	2001年	3012
1992年	3325	2002年	3339
1993年	3520	2003年	3868
1994年	3715	2004年	5023
1995年	3860	2005年	6814
1996年	3638	2006年	6379
1997年	3354	2007年	6884
1998年	3177	2008年	7121
1999年	2815	2009年	7697

时间	能源消费总量（万吨标准煤）	时间	能源消费总量（万吨标准煤）
2010年	7836	2016年	8249
2011年	8246	2017年	8400
2012年	8268	2018年	8238
2013年	8337	2019年	8303
2014年	7900	2020年	7836
2015年	8082	—	—

能源结构是由能源消费中化石燃料与清洁能源的比例决定的。近十年纺织服装业化石燃料碳排放占比如图1-1所示。原煤的碳排放占比在这段时间里持续大幅下降，从2011年的93.21%下降到2020年的51.23%；柴油的碳排放占比也在逐年减小，从3.79%下降到2.24%。而天然气的碳排放占比呈现快速增长趋势，从2011年的0.93%上升至2020年的44.43%，占据一半比例，增幅显著。

从数据变化可以看出，十年间纺织服装企业中高碳燃料，特别是煤炭的消费比重在持续下降，而清洁燃料的消费比重显著提高。这些变化与国家的相关政策、纺织服装产业转型升级以及企业的技术进步等因素密切相关，反映出企业正在加速调整能源结构、优化燃料的使用、采取措施降低碳排放强度。

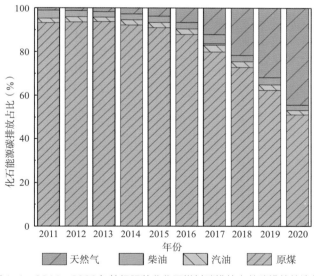

图1-1　2011—2020年纺织服装业化石燃料碳排放占总碳排放的比值

碳排放强度指的是单位产值产生的碳排放量，常用于衡量技术发展。以1990年为基期进行不变价格折算，纺织服装业的碳排放强度计算结果如表1-4所示。由表1-4可见，从整体上看，1990—2005年纺织服装业快速扩张、规模效应明显，同时所采用的装备和工艺相对落后，资源利用效率不高，导致碳排放强度居高不下，其中，1992年纺织服装业碳排放强度最高，为2.178吨/万元。2006年以后随着行业技术进步、企业管理创新、结构调整等变化，碳排放强度开始持续下降，从0.759吨/万元降至2020年的0.357吨/万元，减幅超过一半。

数据表明，纺织服装业正在向绿色低碳方向转型发展，并且已经取得了一定成效。碳排放强度的持续下降，既有周期性因素，也与国家政策导向和企业自主行动的共同努力有关。

表1-4　1990—2020年纺织服装业碳排放强度

时间	碳排放强度（吨/万元）	时间	碳排放强度（吨/万元）
1990年	1.381	2006年	0.759
1991年	1.675	2007年	0.704
1992年	2.178	2008年	0.644
1993年	1.258	2009年	0.553
1994年	1.112	2010年	0.493
1995年	1.111	2011年	0.478
1996年	0.997	2012年	0.474
1997年	1.053	2013年	0.449
1998年	0.932	2014年	0.416
1999年	0.888	2015年	0.400
2000年	0.854	2016年	0.388
2001年	0.849	2017年	0.445
2002年	0.792	2018年	0.407
2003年	1.046	2019年	0.376
2004年	0.761	2020年	0.357
2005年	0.774	—	—

（三）纺织服装业省级碳排放量测算结果分析

由于数据可得性问题，本书仅对除西藏自治区及港澳台地区外的全国30个省份进行碳排放分析。采用更能反映地区产业特色、技术变化的燃料能源进行碳排放测算，分别测算2005年、2010年、2015年和2020年重点年份的纺织服装业通过使用燃料能源产生的碳排放量，对相关数据进行深入分析。测算所涉及的全部数据均来自各省统计年鉴。

1.省级碳排放测算结果

纺织服装业省级燃料能源碳排放量见表1-5。从地区分布来看,排放量较高的省份主要集中在东部沿海地区,如江苏、浙江、山东、广东等;从时间变化来看,大部分省份从2005—2020年呈逐步下降的趋势,特别是经济发达省份下降明显。其中,东部地区下降幅度较大,中西部地区下降幅度较小,反映出纺织服装产业地区发展不均衡的情况。

2005年,浙江、山东、广东的碳排放量都超过了400万吨。上述地区碳排放分别为414.124万吨、401.276万吨和424.19万吨,远远超于其他地区,说明纺织服装产业集群十分发达密集;江苏和福建的碳排放量也相对较大,分别为271.176万吨和179.771万吨,同样领先于全国其他省份。

随后,广东和山东碳排放量出现了不同的变化趋势。2010年,广东纺织服装业碳排放量达到峰值541.308万吨,五年间增幅近三成,地区产业蓬勃发展、企业欣欣向荣;山东碳排放量增加到483.558万吨,为增幅第二大省份。然而到2015年,广东碳排放量减少至365.641万吨,可能与纺织服装企业设备升级、清洁生产、节能降耗等因素有关;山东虽然碳排放略有下降但仍是全国碳排放最高的地区,为414.555万吨。

2020年各地区的纺织服装业碳排放量普遍下降。山东碳排放量为343.761万吨,而广东碳排放量则大幅下降至169.744万吨;江苏和浙江的碳排放量分别为233.447万吨和252.341万吨,均出现一定幅度的下降。可能是由于各地区加大了对纺织服装企业的环保督察力度,淘汰了一些高耗能、高污染的落后生产设备;相关监管部门执行强制性碳排放减排政策和标准,加强了碳排放监测和考核。综合来看,技术进步、管理创新和政策支持共同推动了纺织服装业碳排放的大幅减少。

表1-5 纺织服装业省级燃料能源碳排放量

地区	碳排放量(万吨)			
	2005年	2010年	2015年	2020年
北京	16.204	11.471	6.020	10.831
天津	62.772	26.298	8.734	8.750
河北	57.301	64.420	79.916	86.974
山西	9.916	1.938	6.039	1.534
内蒙古	22.124	9.699	4.638	3.202
辽宁	31.850	61.850	18.907	9.383
吉林	8.828	11.161	59.346	1.351
黑龙江	44.895	29.980	14.806	9.409
上海	142.520	102.624	96.532	64.421

续表

地区	碳排放量（万吨）			
	2005年	2010年	2015年	2020年
江苏	271.176	340.226	312.512	233.447
浙江	414.124	392.613	412.768	252.341
安徽	22.039	15.263	10.138	17.070
福建	179.771	171.366	119.789	81.397
江西	21.289	21.470	17.352	12.922
山东	401.276	483.558	414.555	343.761
河南	77.734	63.104	63.427	7.540
湖北	143.364	93.382	51.163	18.425
湖南	69.881	48.223	85.963	156.866
广东	424.190	541.308	365.641	169.744
广西	7.889	12.250	15.261	18.353
海南	0.764	0.589	0.849	0.832
重庆	26.255	37.038	6.288	8.060
四川	89.011	168.938	123.605	149.598
贵州	0.574	0.558	0.488	0.398
云南	6.515	18.531	4.052	3.048
陕西	8.161	12.248	3.565	1.849
甘肃	2.363	0.749	1.791	2.216
青海	4.355	2.417	2.394	0.481
宁夏	0.448	0.499	2.286	0.612
新疆	15.151	10.231	4.357	4.732

2.重点地区企业碳排放分析

根据全国各地区纺织服装业的碳排放情况，本书选择历史碳排放量高的江苏、浙江、山东和广东作为重点地区进行分析。2005—2020年各个重点地区的燃料能源碳排放量年平均值见表1-6。

表1-6　2005—2020年重点地区纺织服装业的燃料能源碳排放量年平均值

单位：万吨

地区	纺织业	纺织服装、服饰业	纺织服装业
江苏	249.403	55.126	304.529
浙江	336.976	36.201	373.177
山东	390.215	44.341	434.556
广东	307.173	91.399	398.612

（1）江苏

江苏是我国重要的纺织服装生产基地。2005—2020年，纺织服装业整体碳排放平均值为304.529万吨，其中纺织业碳排放平均值为249.403万吨，纺织服装、服饰业碳排放平均值为55.126万吨。作为江苏省的支柱产业之一，该地区的纺织服装业具有完整的产业链和明显的区域集聚特征。江苏拥有众多知名纺织服装企业，形成了苏南和苏北两个主要的区域集群。苏南以苏州、无锡、常州为核心，苏中以南通、扬州、泰州为核心，主要企业有海澜集团、红豆集团、东渡纺织集团等。江苏纺织服装业的主要产品包括各类纺织面料和服装制品。在纺织面料生产方面，以涤纶面料、黏胶纤维面料等功能性纺织品为主，主要生产工序包括纺纱、织造、漂染整理等；在服装制造方面，以皮革服装、运动服装等为主，主要工序包括设计、裁剪、缝制、后整理等。

（2）浙江

浙江纺织服装产业历史悠久，已经发展成庞大而多元化的产业体系。整体碳排放平均值为373.177万吨，其中纺织业占比高，平均值为336.976万吨。纺织服装产业集群主要集中在杭州、宁波、嘉兴等地，在同一地区内汇聚了大量的纺织服装企业，形成了规模效益和产业协同发展的优势。其中，杭州的纺织服装品牌以时尚、创新和高质量的产品著称，以精致的丝绸面料而闻名，产品远销海外市场；宁波拥有现代化的纺织产业园区，企业之间形成了密切的合作关系，生产效率较高；嘉兴则以其传统的纺织工艺著称，注重技术传承和创新。浙江的纺织服装产品在国内外市场均有强大的竞争力，产业包括纱线、面料、成衣等多个细分领域，规模庞大，拥有众多企业和从业人员，年产值巨大。

（3）山东

山东拥有丰富的纺织原材料资源，产业规模巨大。历年来该地区纺织服装业碳排放平均值为434.556万吨，是平均碳排放最高的地区。山东的棉花、毛纺、化纤等产品产量大，纺织服装产业涵盖了棉纺、毛纺、印染、针织、服装制造等多个领域。山东拥有多个纺织服装产业集群，如潍坊、青岛、烟台等地，龙头企业包括如意集团、东方地毯集团、即发集团等。集群内众多企业参与生产加工链，从原材料加工到成衣制造一应俱全，主要产品的生产环节包括织造、染色、缝制和包装运输，其中电力驱动、染料的生产和包材运输环节都会产生大量碳排放。纺织服装产业集群促进了企业品牌之间的合作与竞争，促使企业不断进行技术创新，采用智能制造和数字化生产技术提高生产效率，同时也吸引了设计师、工程师等大量专业人才，为山东地区纺织服装品牌的发展提供了强大的人才支持。

（4）广东

广东拥有十分完整的纺织工业体系。该地区2005—2020年纺织服装业平均碳排放量为398.612万吨，其中纺织服装、服饰业平均碳排放相对占比最高，为91.399万吨。借助地理位置和对外贸易优势，广东建设了多个产业集群，主要集群区域有湛江、东莞、广州等地，重点企业有汇美集团、金纺集团等。其中，不同的产业集群间特色鲜明。湛江是中国牛仔服装的发源地，牛仔产业链完整，具有丰富的劳动力资源，但其中中低端牛仔裤所占比例较大，近年来面临竞争加剧的压力，亟须转型升级。东莞产业集群以代工为主，依托珠三角地区配套的产业和发达的物流体系，规模效应明显，但在高质量发展的新发展格局下，需要增强自主设计和销售能力。广州借助了国际化大都市的辐射效应和人才支撑，拥有庞大的消费市场，纺织服装产品以自主品牌设计和零售为主，品牌效应突出。

综上所述，纺织服装产业在繁荣的同时，也面临着减排降碳的挑战。通过对上述重点地区的纺织服装企业分析，得出以下几点碳排放量高的原因。首先，是产业规模，作为纺织服装生产大省，各个重点地区都有着庞大的产业规模，产业密集程度较高。其次，是能源结构，一些企业仍然依赖传统的高碳能源，如煤炭和天然气。区域电网结构则以煤电为主，电力热电结构不优，也间接增加了纺织服装碳排放。最后，生产工艺也是导致碳排放高的原因之一，老牌企业拥有完善的工业车间，设备更新换代的速度较慢、经济投入较小，导致车间仍使用较老的生产工艺和设备，设备和技术相对落后，机器老化、缺乏节能技改，导致能耗效率不高。

供应链的复杂程度也影响着碳排放量的大小。纺织服装企业的供应链通常涵盖了多个环节，包括原材料采购、生产、运输和销售，复杂的流程也导致了碳排放的增加。而随着国内外市场对纺织服装产品的需求增长，生产量增加也带来了更多的能源消耗和碳排放。此外，部分企业重生产轻环保，环保意识偏弱，缺乏科学的碳核算和排放管理。

3.企业主要产品碳排放分析

各个重点地区的纺织服装产业虽各有特色，但也存在许多共同之处。通过对上述重点地区的纺织服装业分析可得，中国纺织服装企业主要生产的产品有棉麻、纱线、丝织品、羊毛和牛仔等几大种类。因此，基于生命周期评估理论对主要产品不同生产阶段所产生的相应碳排放进行分析。

（1）棉麻

棉麻产品的生产环节主要包括原料种植、原料采集、初加工、织造、染整、成品制作等阶段。在原料种植阶段，主要工艺为棉和麻的种植，碳排放主要来源于农业用地开垦、农药化肥使用、灌溉等活动的能源消耗；而在原料采集阶段，主要是对棉麻进行人工或机械化收割，碳排放主要源于农业机械的燃油消耗。在初加工阶段，棉麻要进行除杂、梳理等过程形成纱线和纤维，碳排放主要来自能源的消耗。

在织造阶段产生的碳排放较多。织造时使用机械设备将纱线或纤维织成布料。染整阶段时，需对织物进行漂白、染色、整理等操作，主要碳排放源是大量工业用水的加热以及各种染料、化学产品的使用。在成品制作阶段，需要工人将布料裁剪、缝纫成成品服装，碳排放主要来源于工厂车间空调、照明等能源消耗。最后是包装和运输阶段，产品从工厂到销售终端的运输也会产生碳排放。

（2）纱线

纱线生产一般可分为前处理、纺纱、后处理三大步骤。纺纱前处理包括开清棉、梳棉、并条等，开清棉即将压缩的纤维打散、去除杂质，使纤维柔软蓬松便于后续加工。使用开松机需要消耗一定的电力，会产生少量的碳排放。其中，除去原材料中的部分杂质，用梳棉机将纤维理顺，这个过程往往需要大量的能源，也是产生较多碳排放的一个环节。经过多次梳理使纤维更加混合均匀、化纤卷更加整齐，最后匀整成条。其中，精梳机、并条机功率较大，碳排放也相对较高。

纺纱环节一般分为粗纱和细纱两个步骤。首先，需要制成粗纱，将处理的纤维通过粗纱机进行初步的拉伸加捻，制成粗纱筒，这个环节的能耗与碳排放量相对适中。其次，用细纱机对粗纱进行细化拉伸，使纤维更加匀细顺滑。由于细纱机的功率大，会相应地产生大量碳排放。最后一个关键步骤是后处理，主要分为络筒、并纱和捻线三个环节。首先，将细纱筒在络筒机上盘绕成纱筒，此环节所产生的能耗与碳排放量较低。其次，将制作出的纱线并在一起，一般为两根或两根以上的单纱，以便于后续操作。最后，将处理好的纱线加上不同的捻度，加工成不同的股线。综上所述，梳棉、精梳和细纱三个环节的碳排放量最大，也是纱线生产过程中需要重点关注和治理的部分。

（3）丝织品

丝织品包括绸、绢、绫、罗等几大种类，生产过程可分为养蚕、抽丝、织造三大环节。原丝的生产过程如图1-2所示，在蚕茧养殖环节，主要的碳排放来源是饲料的生产和运输，其中桑叶的种植需要使用肥料和农药，在孵化阶段需要使用保温设备来控制温度，消耗一定的电力、产生相应碳排放。在煮茧抽丝阶段主要消耗煤炭和电力，会产生较多的碳排放。

织造环节主要通过机器操作，将原丝织成绸布。主要工序如下：首先是缫丝，把丝线按照一定规格进行整经处理，形成可织造的经纱，这一步主要使用缫丝机来完成。其次，根据织造的绸布种类，设计织机上的经线与纬线的直径大小比例等。当织机开始运行时，通过机械动力带动经纱和纬纱交织成布。最后是人工检查成品的质量，使用整经机把布匹经纬调整到同一张力，使布面平整美观。在整个织造环节，最大的碳排放来源是织机的使用，这需要消耗大量的电力和其他能源。

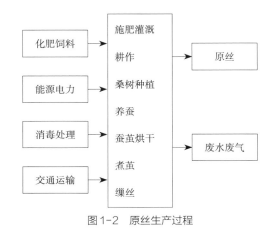

图 1-2　原丝生产过程

（4）羊毛

羊毛产品的生产环节主要分为洗毛、梳毛、纺织等不同工序。羊毛产品大致的工艺流程如图 1-3 所示，细分不同生产阶段的话，首先是预处理阶段，羊毛脂肪含量高，需要用热水、碱液去除脂肪，洗毛需要消耗大量的热水及煤炭、天然气等能源，产生相应碳排放。而除脂后产生的废水中含有多种不同的污染物，需要经过处理才能排放，处理的过程同样会增加一定程度的碳排放量。在梳毛工序方面，羊毛纤维交织在一起，需要进行梳理分离。梳毛所用的机械一般需要稳定的电力，过程中还会产生废弃物，需要进行回收处理，也增加了后续处理阶段的碳排放。

在精梳工序方面，经梳毛后的羊毛毛束仍存在不同程度的缠绕现象，需要通过精梳机进行进一步的分离。羊毛的精梳机械复杂精密、耗电量大，因此产生的碳排放更高。精梳过程也会出现纤维脱落的现象，需要进行后续处理。在织造工序方面，羊毛织物多为机织，需使用机织机械，不同的机织方法所使用的机械结构也各不相同，所产生的碳排放量存在差异。到染色整理的工序阶段时，羊毛织物需要浸染、上色，染液的制作生产也需要消耗能源，整理过程需要加热烫平，都会产生不同程度的碳排放。

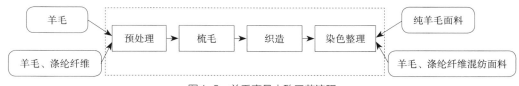

图 1-3　羊毛产品大致工艺流程

（5）牛仔

牛仔产品具有独特的生产工艺流程。牛仔布的一般加工流程如图 1-4 所示，从棉花种植阶段开始，牛仔面料就需要使用更耐磨的棉花品种，通常要求更长的生长周期、更多的化肥养料，这将增加一定程度的碳排放。牛仔产品还需要通过冷缩工艺使面料产生收缩变形的效果，这个环节要求精准控制温度，属于高污染的生产环节。在纺纱阶段，牛仔面料使用较粗的纱线，而在染色阶段，牛仔布一般使用深色染料，相比浅色染料，深色染料的生产和固色消耗更多的能源，因此产生更多碳排放。在织造阶段，牛仔面料需要特殊设计的织机并消耗更多的电力，织机速度较慢、运行时间较长。对牛仔布来说，需要进行石洗、磨砂、漂白等多道工序处理，这些都会消耗大量的化学能源从而增加碳排放。产品要进行多次洗涤以减少残余的浆料，每次洗涤都消耗一定的水和能源，最后烘干并熨烫整理。

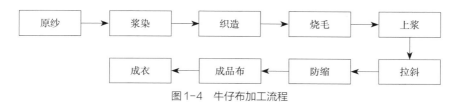

图1-4 牛仔布加工流程

综上所述，不同的纺织服装产品的生产所产生的碳排放也略有差异。通过对产品碳排放来源的分析能更有针对性地指导地区企业制定节能减碳措施，例如广东地区牛仔产业发达，则更需关注对于牛仔产品生产过程中的工艺技术革新。

二、基于机器学习的纺织服装业碳排放预测模型构建

本书基于机器学习技术构建纺织服装业碳排放预测模型。首先，选择适用于碳排放预测问题的相关模型算法；其次，在原有模型算法的基础上进行优化改进，提出一种新的组合优化模型，使预测值更加符合纺织服装业历史实际碳排放值。最后，选取模型的输入变量，即碳排放相关影响因素构建最终预测模型，并采用不同的实验结果评价指标来验证模型的准确度与实用性。

（一）机器学习预测原理与方法

机器学习领域存在多种不同原理的预测模型，在文献综述的基础上，根据研究内容选择适用的预测模型进行研究。

1.LSTM 预测模型

LSTM（Long Short-Term Memory）模型又称长短期记忆网络模型。该模型是在循环神经网络（Recurrent Neural Network，RNN）的基础上加以优化，经Hochreiter教授提出后多次改良，其由来是为了让RNN具有长期记忆，改进了RNN的长时间依赖问题。

相比于传统的RNN模型只能利用有限的历史信息，LSTM单元实现了对信息的有效筛选。LSTM模型可高效处理长期和短期的时序问题，被广泛应用于多种序列学习相关

任务中。对于碳排放预测问题，LSTM模型可以捕捉数据中的非线性复杂特征，提高预测准确性和稳定性，同时处理多个影响因素，因此，本书选择此模型用于预测未来中国纺织服装业的碳排放量。

LSTM使用存储单元和门来控制信息，主体结构包括了三个门结构，分别是输入门、遗忘门和输出门，其内部结构如图1-5所示。

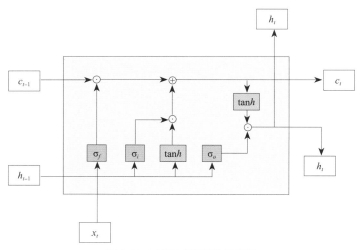

图1-5　LSTM内部结构示意图

对于LSTM单元的更新来说，被归类为以下几步，首先，计算当前时刻的候选记忆单元值c_t'，如式（1-3）所示。

$$c_t' = \tan h\left[\boldsymbol{W}_c\left(h_{t-1}, x_t\right) + \boldsymbol{b}_c\right] \tag{1-3}$$

式中：h、x分别为LSTM单元的输出和输入；c为记忆单元值；$\boldsymbol{W}$和$\boldsymbol{b}$分别表示权重向量和偏移向量。设$\boldsymbol{W}_f$、$\boldsymbol{W}_i$、$\boldsymbol{W}_c$和$\boldsymbol{W}_o$分别表示遗忘门、输入门、记忆单元值和输出门的权重向量；$\boldsymbol{b}_f$、$\boldsymbol{b}_i$、$\boldsymbol{b}_c$和$\boldsymbol{b}_o$分别表示遗忘门、输入门、记忆单元值和输出门的偏移向量。权重向量和偏移向量为待定系数，需要通过训练样本来获取具体值。

计算输入门的值i_t，输入门在LSTM模型中起到十分重要的作用，它可以对控制模型输入数据作用在记忆单元上的影响程度，通过这种控制进而保证能够进入记忆的都是重要的信息，如式（1-4）所示。

$$i_t = \sigma\left[\boldsymbol{W}_i\left(h_{t-1}, x_t\right) + \boldsymbol{b}_i\right] \tag{1-4}$$

式中：σ为Sigmoid函数，取值范围为（0，1）。

f_t函数实现遗忘门，遗忘门控制前一时刻c_{t-1}有多少信息能够保留到当前时刻c_t。如果函数输出为1则表示信息全部保留，输出为0则表示信息完全遗失，如式（1-5）所示。

$$f_t = \sigma\left[\boldsymbol{W}_f\left(h_{t-1}, x_t\right) + \boldsymbol{b}_f\right] \tag{1-5}$$

输入门和遗忘门对记忆单元产生影响，体现在其状态的更新上，自身状态 c_{t-1} 和当前的候选记忆单元值 c_t' 都对其有决定性的作用，输入门和遗忘门对二者进行调控。计算当前时刻记忆单元状态值，如式（1-6）所示。

$$c_t = f_t c_{t-1} + i_t c_t' \tag{1-6}$$

计算输出门 o_t 用于控制记忆单元状态值的输出，如式（1-7）所示。

$$o_t = \sigma\left[\boldsymbol{W}_o\left(h_{t-1}, x_t\right) + \boldsymbol{b}_o\right] \tag{1-7}$$

输出公式见式（1-8），由此，LSTM模型就实现了长期记忆的能力。

$$h_t = o_t \tan h\left(c_t\right) \tag{1-8}$$

2.鲸鱼优化算法

为更准确预测纺织服装业碳排放量，本书对LSTM模型进行参数优化。鲸鱼优化算法（Whale Optimization Algorithm，WOA）具有精度高、寻优能力强、对目标函数约束条件宽松等优点，针对中小规模优化问题取得了良好的效果，适用于碳排放预测领域。因此，本书选择WOA算法优化模型的关键参数。

鲸鱼优化算法由Mirjalili和Lewis提出，作为群体智能优化算法，主要通过模拟座头鲸的狩猎行为实现对目标问题的求解。该算法主要包括包围猎物（Encircling Prey）、气泡网攻击（Bubble-net Attacking）和搜索猎物（Search for Prey）三个阶段。

（1）包围猎物阶段

因鲸鱼优化算法假定当前种群最优位置是目标猎物或距离目标猎物最近的位置，定义最优搜寻位置后其他个体将尝试向其靠近，逐步包围猎物，个体位置与最优位置的距离如式（1-9）所示。

$$D = \left|\boldsymbol{C}\boldsymbol{X}^*\left(t\right) - \boldsymbol{X}\left(t\right)\right| \tag{1-9}$$

式中：$\boldsymbol{C}$ 为系数向量，t 为迭代次数；$\boldsymbol{X}\left(t\right)$ 为当前解的位置向量；$\boldsymbol{X}^*\left(t\right)$ 为最优解的位置向量。

更新位置公式如式（1-10）所示。

$$\boldsymbol{X}\left(t+1\right) = \boldsymbol{X}^*\left(t\right) - \boldsymbol{A}D \tag{1-10}$$

式中：$\boldsymbol{A}$ 为系数向量。

其中，系数向量 $\boldsymbol{A}$、$\boldsymbol{C}$ 的计算公式分别如式（1-11）和式（1-12）所示。

$$\boldsymbol{A} = 2\boldsymbol{a}r_1 - \boldsymbol{a} \tag{1-11}$$

$$\boldsymbol{C} = 2r_2 \tag{1-12}$$

式中：$\boldsymbol{a}$ 向量从2线性减小到0；r_1 向量为取值范围[0，1]的随机实数；r_2 向量为取值范围

[0，1]的随机实数。

（2）气泡网攻击阶段

气泡网攻击行为包含了两种方法，普遍称为收缩包围机制和螺旋更新位置。收敛因子 a 对收缩包围机制进行调控，当 a 减小时，就会进行收缩。A 是 $[-a，a]$ 中的随机数，其取值受到 a 的影响，变化范围也不断缩小。a 的计算公式如式（1-13）所示。

$$a = 2 - \frac{2t}{t_{\max}} \tag{1-13}$$

式中：$t_{\max}$ 为最大迭代次数。

在座头鲸狩猎时，会以螺旋式运动游向猎物，即为螺旋更新位置方法，计算公式见式（1-14）。

$$\boldsymbol{X}(t+1) = \boldsymbol{X}^*(t) + D\mathrm{e}^{bl}\cos(2\pi l) \tag{1-14}$$

式中：b 为对数螺旋形状常数；l 为 $[-1，1]$ 间的随机数。

在收缩包围的同时，座头鲸会以螺旋形状更新位置，两者同步进行。为了模拟这种行为，假设有 p_i 的概率进行收缩包围，有 $1-p_i$ 的概率进行螺旋运动来更新位置，计算过程如式（1-15）所示。

$$\boldsymbol{X}(t+1) = \begin{cases} \boldsymbol{X}^*(t) - \boldsymbol{A}D, & p < p_i \\ \boldsymbol{X}^*(t) + D\mathrm{e}^{bl}\cos(2\pi l), & p \geqslant p_i \end{cases} \tag{1-15}$$

式中：p 为 $[0，1]$ 中的随机数，通常选择 p_i=0.5。

（3）搜索猎物阶段

座头鲸的狩猎行为十分独特，搜索猎物并不是依靠猎物本身的位置，而是根据鲸鱼不同个体间的位置来进行随机搜索。首先随机选择一个鲸鱼个体位置，通过这个随机选定的位置来逐步更新其他个体所处的位置，使得个体向偏离猎物的方向运动，同时向选中的个体靠拢。算法以此达到全局搜索的目的，加强算法本身的探寻能力，设法跳出局部、获得全局最优解，如式（1-16）和式（1-17）所示。

$$D = \left| \boldsymbol{CX}_{\mathrm{rand}}(t) - \boldsymbol{X}(t) \right| \tag{1-16}$$

$$\boldsymbol{X}(t+1) = \boldsymbol{X}_{\mathrm{rand}}(t) - \boldsymbol{A}D \tag{1-17}$$

式中：$\boldsymbol{X}_{\mathrm{rand}}(t)$ 为随机选中的个体位置向量。

通过 $|A|$ 判断算法是否进入包围猎物的阶段，否则处于搜索猎物的阶段。设定当 $|A| < 1$ 时，鲸鱼向猎物发起攻击；当 $p < 0.5$ 且 $|A| > 1$ 时，随机搜索猎物。由于个体位置迭代次数不断增加，算法从搜索猎物转为包围猎物。

（二）改进的WOA—LSTM碳排放预测模型构建

为提高算法的搜索性能和适应能力，本书对WOA算法进行改进。鲸鱼优化算法虽然简洁高效，但仍存在局限性，参数设置较为固定、搜索策略较为单一，不能根据本书所研究的纺织服装业碳排放预测问题进行自适应调整，算法在后期无法跳出局部最优解。为克服上述不足之处，本书采用不同的原理改进该算法。

1.改进依据

针对上述问题，本书引入两种方法改进WOA算法。

①混沌映射初始化种群：本书采用Tent混沌映射初始化鲸鱼种群。作为混沌映射模型，Tent具有更好的序列均匀性，具有提升算法收敛速度及搜索精度的优点，计算公式见式（1-18）。

$$X(t+1) = \begin{cases} 2X(t), & X(t) < 0.5 \\ 2\big[1-X(t)\big], & X(t) \geqslant 0.5 \end{cases} \tag{1-18}$$

式中：t为混沌映射的次数；$X(t)$为映射函数的值。

②自适应权重：本书引入适应权重w来优化位置更新公式。自适应权重能够在保证算法性能的同时，加强个体位置与最优解位置之间的紧密联系。随着迭代次数的变化，权重值也在不断调整，加快模型的收敛速度。当权重值较大时会使模型更易进行全局寻优、跳出局部最优解，当权重值较小时会提高模型的寻优精度，本书采用的权重计算公式如式（1-19）所示。

$$w(t) = 0.2\cos\left[\frac{\pi}{2}\left(1-\frac{t}{t_{\max}}\right)\right] \tag{1-19}$$

改进后的WOA位置更新公式如式（1-20）和式（1-21）所示。

$$X(t+1) = \begin{cases} w(t)\boldsymbol{X}^*(t) - AD, & p < 0.5 \\ w(t)\boldsymbol{X}^*(t) + De^{bl}\cos(2\pi l), & p \geqslant 0.5 \end{cases} \tag{1-20}$$

$$X(t+1) = w(t)\boldsymbol{X}_{\mathrm{rand}}(t) - AD \tag{1-21}$$

式中：$X(t+1)$为当前解的位置向量。

2.改进流程

本书通过改进的WOA算法优化LSTM预测模型，以得到更好的预测性能。改进的WOA—LSTM预测模型流程图如图1-6所示，模型的基本构建思路如下：

①测算纺织服装业1990—2020年的历史碳排放值，选取影响行业碳排放值的相关因素并通过Pearson相关性进行筛选，得到预测模型的输入数据集。

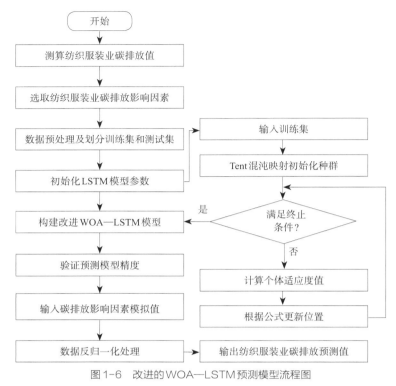

图 1-6　改进的 WOA—LSTM 预测模型流程图

②数据预处理及划分训练集和测试集。

③初始化 LSTM 预测模型的参数，通过改进 WOA 算法进行优化，设置算法的种群数量 N，并采用 Tent 混沌映射初始化种群。确定寻优参数及寻优范围，通过计算得到具有最优适应度值的个体位置，通过自适应权重 w 改进更新位置。

④判断算法是否满足终止条件。输出最优参数组合并赋值给 LSTM 模型，构建出改进 WOA—LSTM 模型，并通过测试集来验证模型精度。

⑤采用情景分析预测法设定相应情景。通过设定不同的未来情景，模拟未来影响因素的不同变化并将其作为预测模型的输入数据，输出得到不同情景下纺织服装业的未来碳排放值。

综上所述，构建出改进的 WOA—LSTM 模型。通过不断地优化更新来提升模型的预测性能，与纺织服装业实际碳排放量进行对比验证，使用模型最终得到未来的碳排放量预测值。

（三）碳排放预测模型影响因素选取与分析

构建出的预测模型需要选取影响碳排放的不同因素，即输入变量，输出变量则是纺织服装业的碳排放预测值。

1.影响因素选取

本书使用STIRPAT模型选取预测模型的影响因素，并在模型的基础上进行扩展。STIRPAT模型反映着人口规模、经济发展和技术应用三个方面对环境造成的影响，综合考虑了多个关键因素，广泛应用于碳排放影响因素分析研究领域。相比于LMDI法、GDIM法等其他因素分析方法，其具有更强的可解释性和灵活性，可适应不同的研究场景。模型计算公式见式（1-22）。

$$I = aP^b A'^c T^d e \quad\quad (1-22)$$

式中：I为环境影响；P、A'、T分别为人口规模、经济发展和技术应用；a为模型常数项；b、c、d为模型待估计参数；e为随机误差项。

根据国内外研究，本书选取以下三个角度的碳排放预测模型的输入变量。

（1）经济社会因素

碳排放与经济社会的发展息息相关。当经济高速发展时，生产带来的碳排放量也会随之增加，而人均GDP是反映经济发展程度的重要指标之一，一般情况下，人均GDP越高的地区所产生的碳排放量越大。常住人口数量和城镇化率也能够反映出一个社会的发展程度，常住人口越多、城镇化率越高说明社会所处的阶段越注重劳作生产，行业部门产生的碳排放量越大。因此，本书选择人均GDP、总人口数和城镇化率作为纺织服装业碳排放量预测模型的输入变量。

（2）能源技术因素

为达"双碳"目标，中国实施能源消费总量和强度双控制度、强化能源节约与能效提升。其中，能源消费总量反映了行业所消耗能源的多少，从碳排放的角度分析，能源消费越多、碳排放量越大。对于能源种类来说，煤炭属于高污染、高排放的传统化石能源，使用的煤炭能源占总能源的比值能够反映出不同的能源结构，煤炭占比越大说明行业的能源结构需要改善优化，是影响碳排放的一大重要因素。能源强度则反映行业的能源利用效率，能源强度越低说明能源的利用效率就越高，能源消耗对于行业产值增长的制约越小，越有利于减排降碳、治理环境污染问题。因此，本书选择能源消费总量、煤炭消费量占总消费量的比值以及单位产值能耗作为预测模型的输入变量。

（3）行业环境因素

纺织服装业本身所处的发展阶段也影响着碳排放的产生。其中，产业结构和从业规模都能反映出发展情况，当纺织服装业产值越大、从业人员越多时，相应的碳排放量也会越大。从技术发展、环境变化的角度分析，碳排放强度的高低能够反映出生产工艺进步、设备更新换代。因此，本书选择纺织服装业总产值与工业总产值的比值、用工就业人数以及单位产值所产生的碳排放作为预测模型的输入变量。

综上所述，本书选定九个影响因素构建纺织服装业碳排放预测模型。解释含义如表1-7所示，指标数据均来自国家统计局，指标变量分别为碳排放量、经济水平、人口规模、城镇化率、能源消费、能源结构、能源强度、产业结构、从业规模和碳排放强度。

表1-7　纺织服装业碳排放预测模型的变量解释

名称	含义	简称
碳排放量	纺织服装业碳排放量	CE
经济水平	人均GDP	EL
人口规模	总人口数	PS
城镇化率	城镇人口数与总人口数的比值	UR
能源消费	纺织服装业能源消费总量	EC
能源结构	纺织服装业煤炭消费量与能源消费量的比值	ES
能源强度	单位纺织服装业产值能耗	EI
产业结构	纺织服装业总产值与工业总产值的比值	IS
从业规模	纺织服装业用工就业人数	EF
碳排放强度	单位纺织服装业产值所产生的二氧化碳排放	CEI

利用Pearson系数对所有解释变量进行划分筛选。Pearson系数用于衡量主指标与特征间的相关程度，计算公式见式（1-23）。

$$\rho_{XY} = \frac{n\sum_{i=1}^{n} x_i y_i - \sum_{i=1}^{n} x_i \sum_{i=i}^{n} y_i}{\sqrt{n\sum_{i=1}^{n} x_i^2 - \left(\sum_{i=1}^{n} x_i\right)^2} \sqrt{n\sum_{i=1}^{n} y_i^2 - \left(\sum_{i=1}^{n} y_i\right)^2}} \tag{1-23}$$

式中：ρ_{XY}为Pearson系数；x_i为样本X的实际值；y_i为样本Y的实际值；n为样本长度。

为避免指标过多导致LSTM模型精度下降，将中度相关指标剔除，仅保留高度相关的指标。Pearson相关性结果见表1-8，其中能源消费、城镇化率和人口规模与纺织服装业碳排放量最相关，系数值分别为0.981、0.908和0.892，说明碳排放量的多少与能源、经济之间紧密联系；产业结构的系数值仅有0.575，说明纺织服装业产值与工业总产值之间的关系对行业碳排放影响不大。

预测模型最终共有八个解释变量，分别为经济水平、人口规模、城镇化率、能源消费、能源结构、能源强度、从业规模和碳排放强度。

表1-8 Pearson相关性结果

相关性	影响变量	Pearson系数
高度相关	*EC*	0.981
	UR	0.908
	PS	0.892
	EL	0.823
	CEI	−0.796
	EI	−0.734
	EF	0.669
	ES	0.654
中度相关	*IS*	0.575

2.影响因素分析

1990—2020年不同时间段影响因素的重要性如图1-7所示。因素重要性表示各影响因素对碳排放的贡献程度，由图可知，1990—1999年，经济水平对纺织服装业碳排放的影响最大，为15.516%，这主要是由于快速经济增长推动了纺织服装业的高速发展。

2000—2009年，能源消费和能源强度的因素重要性上升。数值分别上升至15.505%和14.502%，这与能源结构的调整、节约措施的推进有关。而经济水平的因素重要性下降至12.794%，说明经济增速对纺织服装业碳排放的影响程度逐渐减弱。

2010—2020年，碳排放强度的影响程度上升至第一，数值达到了13.334%，显示出这期间纺织服装业的低碳转型取得极大的进展、减排政策开始显效。而经济水平的影响持续下滑至11.791%，表明我国经济已经进入新常态。

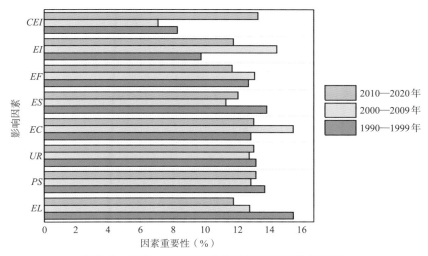

图1-7 1990—2020年碳排放影响因素重要性占比结构

总体来看，不同因素在各个时间段对碳排放量的影响程度有着较大的差异。经济水平的影响持续下降，人口、城镇化、从业规模的影响相对稳定；能源结构的影响有所下降，能源消费和强度的影响有所波动。各影响因素的重要性呈现出与纺织服装产业发展阶段和节能减排政策相适应的变化趋势，整体反映了经济、能源、技术、政策因素的综合影响，以及产业发展转型的特征。

（四）预测实验结果与分析

本书对1990—2020年共计31年的纺织服装业相关数据进行研究，通过对比碳排放实际值和预测模型的拟合值，分析模型性能。

1.实验设置与环境

预测模型的输入变量为基于STIRPAT模型所选取的八个最终解释变量，输出变量为纺织服装业未来的碳排放放量。本书采用输入变量的二次非线性数据来训练预测模型。非线性二次输入是在线性值的基础上加入各个变量的平方项和交叉项，相比于线性输入，采用非线性二次输入的方式会提高模型性能。数据集共有1395条数据，剔除导致模型预测准确度下降的异常值后的有效数据共有1302条。

按照比例划分实验数据集。将1990—2013年（即前24年）的数据划分为训练集，2014—2020年（即后7年）的数据划分为测试集。实验环境为Windows11 64位操作系统、英特尔（Intel）i7-11370H CPU及3.3 GHz主频，实验软件为MATLAB R2020a。

对输入数据进行归一化处理。因本书的研究数据指标量纲及物理意义不同，为提高模型精度，归一化计算公式见式（1-24）：

$$y_i = \frac{x_i - x_{min}}{x_{max} - x_{min}} \qquad （1-24）$$

式中：y_i 为归一化后的数据；x_i 为原始数据；x_{min} 为特征最小值；x_{max} 为特征最大值。

设定预测模型的初始参数，使其不断迭代优化。将LSTM模型的训练步长设为3，通过改进的WOA算法对模型的关键参数进行优化赋值，即隐含层神经元个数和学习率。设定初始种群数量为50，为防止搜索空间过大将取值范围分别设定为[1，100]和[0.001，0.01]，纺织服装业碳排放量预测模型最终得到的最优参数组合为：隐含节点数为8，最优学习率为0.0042。

2.实验结果评价指标

本书选取MAPE、RMSE和MAE作为评价模型预测性能的主要指标。MAPE为平均绝对百分比误差，对于预测值的相对误差十分灵敏，可以较好地反映出预测结果的精度；RMSE为均方根误差；MAE为绝对误差的平均值。MAPE、RMSE及MAE的计算公式分别如式（1-25）~式（1-27）所示。

$$\text{MAPE} = \frac{1}{n}\sum_{i=1}^{n}\frac{\left|y_i - y_i^*\right|}{y_i}\times 100\% \qquad (1\text{-}25)$$

$$\text{RMSE} = \sqrt{\frac{1}{n}\sum_{i=1}^{n}\left(y_i - y_i^*\right)^2} \qquad (1\text{-}26)$$

$$\text{MAE} = \frac{1}{n}\sum_{i=1}^{n}\left|y_i - y_i^*\right| \qquad (1\text{-}27)$$

式中：y_i 为实际值；y_i^* 为模型预测值；n 为数据量。

3.实验结果对比分析

实验结果表明，本书所提出的改进 WOA—LSTM 预测模型具有优秀的准确性。不同预测模型的评价结果对比见表1-9。改进后的 WOA—LSTM 预测模型测试集的 MAE、RMSE 和 MAPE 值分别为4.868、4.984和0.024，具有良好的模型精度，且相较于未进行改进的 WOA—LSTM 模型和 BP、CNN、SVR 等其他常用的碳排放预测模型来说，模型性能得到了大幅提升。可见，改进后的 WOA—LSTM 预测模型更加适用于纺织服装业碳排放量的预测研究，能提供更加准确有效的碳排放预测值。

表1-9　不同预测模型的评价结果对比

模型结果		模型类别				
		改进的 WOA—LSTM	WOA—LSTM	BP	CNN	SVR
训练集	MAE	3.910	8.369	16.335	16.478	21.573
	RMSE	4.093	8.430	16.382	16.543	21.664
	MAPE	0.037	0.076	0.156	0.153	0.190
测试集	MAE	4.868	14.444	25.298	18.225	32.125
	RMSE	4.984	14.474	26.151	18.316	32.194
	MAPE	0.024	0.068	0.114	0.085	0.140

不论是在训练集还是测试集上，本书所改进的 WOA—LSTM 预测模型都表现优秀。改进的 WOA—LSTM 预测模型拟合结果如图1-8所示，不同预测模型的实际值和拟合值结果对比如图1-9所示。由图可见，本书提出的模型超过其他模型成为与实际值最接近、误差最小的模型，说明将此模型应用于纺织服装业碳排放预测研究上可取得精确的预测效果，更贴近未来实际情况，高效助力纺织服装业实现"双碳"目标。

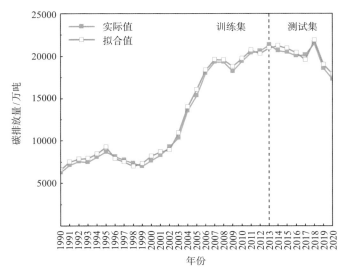

图1-8　改进的WOA—LSTM预测模型拟合结果

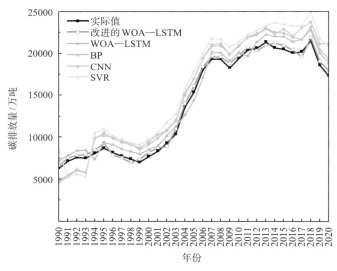

图1-9　不同预测模型的实验对比结果

三、基于预测模型的纺织服装业碳排放预测及分析

本书基于预测模型得到未来中国纺织服装业碳排放量。通过不同的碳排放情景，本书设定未来不同情况下的影响因素参数，得到未来直至2050年的碳排放预测值并进行分析。此外，通过对未来碳达峰结果、不同碳排放影响因素的重要性结果，最后提出纺织服装业未来降碳发展的重点方向。

（一）未来碳排放情景分析

首先，分析未来碳排放可能的情况。通过设定和描述不同的发展情况，对预测模型的相关变量进行全面地分析。

1.碳排放不同情景的基本设定

为预测未来碳排放，相关的研究领域内普遍采用情景分析法。情景分析法主要通过设定未来不同发展情况下各个影响因素的参数，得到不同的碳排放预测值。情景模拟设定的方法可以综合考虑多种因素的可能组合，而现实中某件事物的发生与否是错综复杂的因素共同作用的结果，基于此，情景分析法所得到的预测结果更加符合未来的趋势规律。

通过情景分析法设定基准、低碳和高碳三种碳排放情景，假设未来中国经济社会的发展变化。在分析国家政策文件和相关学者研究的基础上，设定不同的影响变量增长率参数组合，以此作为改进的 WOA—LSTM 预测模型的输入数据，得到未来纺织服装业的碳排放值。

2.碳排放不同情景的总体描述

纺织服装业未来的碳排放情景如表1-10所示，不同的碳排放情景有相应的参数设定。总体而言，基准情景表明社会平稳发展；低碳情景表明社会更加重视环境保护，而高碳情景则表明社会更加重视一时的经济发展。

根据 Pearson 系数将经济水平、人口规模、城镇化率、能源消费、能源结构和从业规模划分为促进因素，能源强度和碳排放强度划分为抑制因素。按照各情景的总体描述进行相应设定，其中在基准情景下，促进因素和抑制因素均取中位值；在低碳情景下，抑制因素取高位值，促进因素取低位值；在高碳情景下，促进因素取高位值，抑制因素取低位值。

表1-10　纺织服装业碳排放未来的不同预测情景

情景	情景描述
基准情景	参照"十四五"规划与2035年远景目标纲要，按常规发展速度进行参数设定，不采取更多的措施。该情景反映了按照现有的目标规划，中国在社会经济平稳运行的情况下，纺织服装业碳排放的未来发展趋势
低碳情景	在基准情景的基础上进一步落实可持续发展战略，加强低碳转型，实现经济水平与生态环境保护的协调发展。政府积极促进居民环保意识提高，强化科技进步且促进新技术实现产业化，成为绿色低碳社会
高碳情景	世界局势复杂多变，中国面临着劳动供给与经济发展等相关挑战。在基准情景的基础上为保证一时的经济发展放宽了工业能源转型约束，以一时的经济发展作为主要目标，低碳技术水平提升较慢，能源结构没有得到明显改善

3.碳排放预测模型影响因素的设定

本书根据基准、低碳和高碳情景对预测模型的各个影响因素，即输入变量进行参数设定。将2021—2050年划分为四个时间段，分别为2021—2025年、2026—2030年、

2031—2040年和2041—2050年，依据国家相应政策文件、行业现状及学者研究划分不同的情景，设定不同情景下的变量参数，其中已公布实际值的数据采用实际值。

为增强针对性，本书将逐个分析不同的影响因素在未来的情况。

（1）经济水平

"十四五"规划和2035年远景目标纲要明确提出，在2035年，中国的人均GDP将达到中等发达国家水平。根据预测，未来10年的年均增速为5%～7%，在2050年前后中国经济增速将处于4%左右，预计将达到高等发达国家门槛的水平。因此，在设定基准情景下，上述四阶段的人均GDP年均增速分别为6%、5.8%、5%和4%。

国家积极推动生态科普和环境保护，在低碳情景下，中国经济发展将随着时间的增长而逐渐过渡到相对缓慢的增速。因此，低碳情景下的人均GDP年均增速相较于基准情景将逐渐变小，不同阶段的参数分别设定为6%、5.8%、4.5%和3%。目前，全球经济面临着严峻的挑战，在高碳情景下未来中国将促进经济发展、激活市场新动能，因此将高碳情景下的人均GDP初始年均增速设定为6.5%，并一直保持较高的增速，直至中国经济在2040年前后进入相对成熟的阶段。

（2）人口规模

中国社会进入新阶段，人口发展面临转折性变化。人口规模预计迈入"零增长"，年均增速不高于0.2%。《国家人口发展规划（2016—2030年）》指出，在2030年前后，人口数量预计将到达峰值，约为14.5亿，之后将持续负增长，在2035年前将保持在14亿左右，2050年下降至13.6亿。因此，设定基准情景下，人口规模的初始年均增速为0.2%，随后将逐步减小。

目前，中国生育率持续下降，育儿成本持续上升，面临人口老龄化等人口问题。对此，国家积极出台相关政策、放宽生育限制，如2021年出台的"三孩"政策，并通过提供生育津贴、教育补贴等方式鼓励生育，促进社会长期均衡发展。根据中国人口与发展研究中心和国家信息中心经济预测部的相关研究，将低碳情景和高碳情景下的人口数量年均增速，按照基准情景下的相关参数进行0.1%～0.2%的上下浮动调整，2041—2050年三种情景下的人口规模增速参数分别为-0.4%、-0.6%和-0.2%。

（3）城镇化率

"十四五"规划指出，中国的城镇化率应在2025年左右到达65%，预计到2030年将超过70%，而到2050年，城镇化率预计将处于75%～85%。为达目标，计算出在基准情景下，城镇化率年均增速分别为1%、0.9%、0.6%和0.4%。

若以绿色发展为目标，中国的城镇化率虽然在短时间内不会出现明显差异。但考虑到资源环境和城市规划相关问题，从长远来看，城镇化进程将放慢，极大程度上缓解社会福利和基础设施的分配压力。

若以经济发展为目标，地区政府将鼓励城市化建设，中小城市和农村地区的城镇化率会持续上升。不同情景下的城镇化率略有不同，不同阶段的相关参数也适当浮动，当城镇化率到达80%～90%时已趋于饱和点，不会再有明显提升，更倾向于保持平稳状态。根据中国科学院和国家发改委等相关机构的研究，设定低碳和高碳情景下，城镇化率在2041—2050年的年均增速分别为0.35%和0.45%。

（4）能源消费

根据《中国能源展望2060》报告，一次能源消费总量的峰值预计约60.3亿吨标煤。近年来纺织服装业能源消费总量呈平稳下降态势，结合行业实际情况，设定基准情景下，能源消费年均增速分别为-0.5%、-0.35%、-0.25%和-0.2%。

目前，纺织服装企业积极采取一系列节能措施。技术手段包括了优化加工流程、改善照明系统等，广泛使用能源效率更高的纺织机械和生产线以降低能耗。随着消费者对环保和可持续的关注持续增加，企业不得不将绿色发展纳入业务战略之中，生产可持续服装服饰以满足市场需求。

虽然在高碳情景下，能源消费短期呈现小幅上升的趋势，但在长期进行技术研究后，预计行业将实现突破，迈入新的高质量发展阶段，从而阶段性加快降低能源消费量。因此，基于基准情景，本书将低碳情景下的能源消费年均增速分别设定为-0.6%、-0.45%、-0.3%和-0.35%；高碳情景下的能源消费年均增速分别设定为0.2%、-0.15%、-0.1%和-0.15%。

（5）能源结构

"十四五"节能减排综合工作方案提出，到2025年，非化石能源占一次能源消费比重需达到20%左右，到2030年比重达到25%左右，2050年比重应超过一半。结合实际情况，设定基准情景下，能源结构参数分别为7.6%、7.3%、7.25%和7.2%。

纺织服装业在生产和制造过程中使用多种能源类型和技术，通常需要大量的化石燃料来产生电能和热能。现阶段，企业在节能环保技术研发和推广方面取得了一定成效，正在转向使用可再生能源，如太阳能和风能，以减少对化石燃料的依赖，从而改善行业能源结构。

随着可再生能源的成本逐渐下降，在国家环保法规的推动下企业也做出了相应承诺，未来预计行业将持续进行能源转型，逐渐淘汰高碳能源的设备系统，例如煤炭锅炉，转而使用更加清洁低碳的能源。因此，预计未来纺织服装业能源结构将保持降低趋势，本书将低碳情景和高碳情景下的能源结构初始参数分别设定为7.5%和8%，之后依据基准情景进行上下浮动调整。

（6）能源强度

根据"十四五"节能减排综合工作方案，预计能耗强度将持续降低并在2025年降至13.5%，到2050年保持稳步下降趋势。以目标为导向，计算出基准情景下，能源强度年均增速分别为-3%、-2%、-1.5%和-0.75%。

伴随技术进步与革新，未来纺织服装业的能源强度将继续下降。"十三五"期间，纺织服装企业深入贯彻绿色发展理念，推进产品全生命周期绿色化管理，建立健全绿色纺织服装制造体系，加强清洁能源的利用和替代，推动企业行业的资源综合利用和循环再生，实现了能源结构的优化和资源利用效率的提升。

中国纺织服装企业在过去几年中发展了一批高性能材料、绿色制造工艺和高端智能设备，提高了生产效率和质量，降低了能源损耗。企业将持续提升产品附加值和市场竞争力，降低单位产值的能源消耗。因此，依据基准情景，本书设定低碳情景和高碳情景下的能源强度初始年均增速分别为-5%和-2%。

（7）从业规模

近年来，纺织服装业展现出强大的韧性。作为劳动密集型制造业，行业用工就业人数虽逐年减少，但国家积极实施阶段性组合式政策保障民生稳就业，预计未来纺织服装业就业情况总体趋于平缓。

2020年纺织服装业平均用工人数为550万人。纺织服装业智能制造技术持续提高，劳动力成本逐渐上升，纺织车间倾向于采用自动化和人工智能技术以提高生产效率、减少生产成本，降低了从业人数需求。服装全球供应链和外包模式的变化也可能导致工厂规模缩减，纺织服装市场受到季节性和时尚趋势的影响，企业可能选择临时雇佣而非长期雇佣。

然而，国家大力培养技能人才，促进创业和小微企业发展。一些纺织服装企业已经采取快时尚和定制服装的生产模式，为了满足灵活的生产流程和交货时间，企业可能需要增加车间工人数量。高端纺织工厂普遍进行了大批量的生产设备更新，这意味着需要更多的技术人员来进行操作和维护，长远来看，行业的从业情况将持续向好。结合行业实际情况和相关政策文件，设定基准情景下，未来纺织服装业用工就业情况分别为保持稳定、下降2%、下降0.5%和下降0.25%，低碳情景和高碳情景分别基于此进行上下浮动调整。

（8）碳排放强度

国务院新闻办公室发表的《中国应对气候变化的政策与行动》白皮书提出，2025年单位GDP二氧化碳排放需相较2020年降低18%，2030年需相较2005年下降65%以上。结合行业实际情况，为达目标，计算出基准情景下，碳排放强度的年均增速分别为-4%、-2.8%、-2%和-1%。

行业已制定目标和行动计划来推动低碳发展。近年来纺织服装业整体采用更环保高效的生产技术和工艺，新一代机械设备可高效利用能源和原材料、减少废弃物和碳排放。越来越多的企业和消费者关注环保材料，如有机棉、再生纤维和可降解材料等。企业对包括采购、生产、运输和销售等环节在内的整条供应链进行改进，控制各个流程的碳排放，遵循可持续生产理念打造绿色纺织服装车间，积极突破革新有关技术，吸引消费者购买环保产品。目前，行业碳排放强度呈现持续下降的趋势，基于基准情景，低碳情景和高碳情景下的碳排放强度初始年均增速分别为-4.5%和-3.5%。

所有碳排放影响变量的增长率设定参数结果如表1-11所示。

表1-11 影响变量的参数设定值

情景	年份	促进因素（%）						抑制因素（%）	
		EL	*PS*	*UR*	*EC*	*ES*	*EF*	*EI*	*CEI*
基准情景	2021—2025	6.00	0.20	1.00	-0.50	7.60	0.00	-3.00	-4.00
	2026—2030	5.80	0.18	0.90	-0.35	7.30	-2.00	-2.00	-2.80
	2031—2040	5.00	-0.20	0.60	-0.25	7.25	-0.50	-1.50	-2.00
	2041—2050	4.00	-0.40	0.40	-0.20	7.20	-0.25	-0.75	-1.00
低碳情景	2021—2025	6.00	0.20	1.00	-0.60	7.50	-4.00	-5.00	-4.50
	2026—2030	5.80	0.10	0.60	-0.45	7.20	-2.25	-3.50	-3.00
	2031—2040	4.50	-0.40	0.52	-0.30	7.00	-1.00	-2.00	-2.50
	2041—2050	3.00	-0.60	0.35	-0.35	6.80	-0.50	-1.25	-2.00
高碳情景	2021—2025	6.50	0.30	1.50	0.20	8.00	1.50	-2.00	-3.50
	2026—2030	6.00	0.20	1.00	-0.15	7.80	0.75	-1.50	-2.50
	2031—2040	5.60	-0.10	0.80	-0.10	7.50	0.50	-0.75	-1.80
	2041—2050	4.00	-0.20	0.45	-0.15	7.35	0.25	-0.50	-0.80

（二）纺织服装业碳排放预测结果及分析

通过预测模型输入变量数据，本书将对最终得到预测结果的模式进行预测。经上述影响变量的变化，基于改进的WOA—LSTM模型得出纺织服装业的碳排放预测结果。结果包含了至2050年各年的碳排放值、碳达峰值和各影响变量未来对碳排放的影响程度。

1.整体预测结果

总的来说，短期内纺织服装业碳排放量将保持稳定。基于改进的WOA—LSTM预测模型得到的2021—2050年纺织服装业碳排放量如图1-10所示。纺织服装业碳排放在未来的发展趋势由图可知，基准情景下到达峰值点后相较于低碳情景变化幅度略大，低碳情景下倾向于稳步下降，并无明显转折点；而在高碳情景下，纺织服装业碳排放将平稳增长，达峰后下降速度缓慢。至2050年，三种情景之间的碳排放预测值将保持一定差距，最终碳排放量将为14083.188万吨～19360.035万吨。

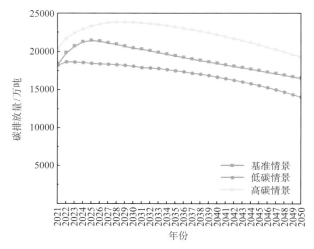

图 1-10   2021—2050 年纺织服装业碳排放量

2.碳达峰预测结果

低碳情景下纺织服装业最先实现碳达峰。预测得到的碳达峰结果如表 1-12 所示，在低碳情景下，纺织服装业于 2022 年碳达峰；基准情景下滞后 3 年；高碳情景下最晚将在 2028 年达到峰值，三种情景均实现"双碳"目标，碳达峰区间为 18693.99 万吨 ~ 23874.54 万吨。尽管模型的预测结果十分乐观，但仍未排除未来的不确定性，实现"双碳"目标仍需各方持续努力。企业需要不断开发和应用新的减碳手段，在转型过程中重点关注各个生产环节的减碳潜力，保持技术创新、完善相关流程，以应对各种不确定状况，确保顺利实现"双碳"目标。

表 1-12   纺织服装业碳达峰预测结果

情景	达峰时间	峰值（万吨）
基准情景	2025 年	21464.69
低碳情景	2022 年	18693.99
高碳情景	2028 年	23874.54

3.未来碳排放影响因素分析

在不同的情景下，同样的影响因素对碳排放有不同的影响作用程度。因素重要性占比如图 1-11 所示，结果显示，碳排放强度和能源结构对纺织服装业碳排放的影响程度最大，全部情景下的重要性都超过其余因素，表明技术革新是未来实现碳中和的关键。低碳情景下，碳排放强度、能源强度、能源结构的重要性相比基准情景提升明显；经济水平、城镇化率、从业规模的重要性在不同情景下差异较大，其中从业规模在高碳情景下对行业碳排放影响作用最低。

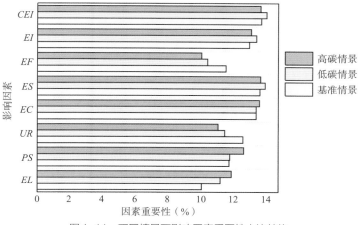

图1-11 不同情景下影响因素重要性占比结构

为增强针对性，本书从以下三个角度分别分析未来影响因素的作用。不同情景下纺织服装业碳排放各个影响因素的因素重要性如表1-13所示。

表1-13 不同情景下的影响因素重要性结果

影响因素	基准情景（％）	低碳情景（％）	高碳情景（％）
经济水平	10.087	11.237	11.932
人口规模	11.795	11.824	12.691
城镇化率	12.642	11.512	11.094
能源消费	13.436	13.434	13.640
能源结构	13.670	13.994	13.709
能源强度	11.578	10.454	10.076
从业规模	13.029	13.469	13.139
碳排放强度	13.765	14.083	13.722

（1）经济社会因素

对于经济水平来说，不同情景下对碳排放量的影响作用差别较大。在基准情景下对纺织服装业的碳排放影响程度最小，仅为10.087％；在高碳情景下，影响程度最大，为11.932％。这说明，经济高速增长将显著带动纺织服装业发展，从而导致碳排放上升。作为劳动密集型行业，纺织服装业的发展很大程度上依赖于经济，经济增长将提升居民收入水平、增加居民可支配收入、增强消费能力，导致对纺织服装的需求量增加。而基础设施建设将提供纺织服装生产必需的交通、仓储等方面的支持，也为纺织服装业提供资金保障。

人口规模因素在高碳情景下的因素重要性比值最高，为12.691％。作为消费品制造业，人口总量增加将扩大纺织服装市场空间。城镇化率的因素重要性在基准情景下最高，为12.642%，说明如果未来继续实行现有的政策法规，城镇化率对碳排放的影响能够发挥到最大程度。城市的配套设施更加完善，更有利于纺织服装产品流动。此外，城镇的消费人口相较于乡镇来说具有更强的消费能力，城镇化率升高将增加人口的流动性，扩大纺织服装潜在消费力。而城镇居民对时尚和品质的要求更高，会导致纺织服装的消费结构也发生相应的变化。

（2）能源技术因素

能源消费和能源结构在三种情景下的因素重要性均处于相对高位，介于13.434%～13.994%。由于生产和运营过程需要消耗大量能源，随着产量的增长，能源消费量也相应增加，因而控制能源消费是未来行业减少碳排放、实现碳中和的关键之一。优化能源结构可以显著降低单位能耗所产生的碳排放量，作为制造业，纺织服装业需要继续降低煤炭使用比重，积极发展天然气等清洁能源，提高生产中的可再生能源比例，逐步增加太阳能发电、风力发电等设备。

能源强度在基准情景下对纺织服装业碳排放的影响程度相对最高，为11.578%。说明在经济社会正常发展的情况下，纺织服装企业内的技术设备水平参差不齐，具有巨大的节能潜力，应提高系统管理水平，进一步节约能源使用、提高能源利用效率，降低设备运行对能源的依赖，减少能源浪费。

（3）行业环境因素

行业从业规模的因素重要性也处于相对高位。其中低碳情景下的值最高，为13.469%，说明当社会发展以低碳环保为导向时，劳动力对纺织服装业碳排放的影响程度较大。若纺织服装业就业规模扩大、就业人数增多，则意味着生产设备数量的增加，将消费更多电力、热力等能源，运营所产生的碳排放也会增加。

碳排放强度在三种情景下的因素重要性均为最高。其中低碳情景下达到了14.083%，而低碳发展情景的核心是在保留一定规模的经济增长的前提下，通过政府监管等措施大力降低单位产值所产生的碳排放量，说明未来行业需关注技术发展、提高生产水平。纺织服装业可通过多种方式降低碳排放强度，例如调整产品结构，增产新型环保面料等低碳产品；推广先进设备，改造传统工艺，发展智能智造车间，在经济发展的同时降低碳排放强度。

综上所述，各影响因素在不同情景下的重要性变化反映了未来不同情景的差别。低碳情景通过控制人口、调整优化结构和节能降耗等方式大幅减少碳排放，而高碳情景则以经济增长为核心，发展速度和规模扩张为主要驱动力，导致环保成本无法内部化。实际上，经济和环保需要兼顾和平衡，这要求国家政策支持、企业自主行动以及公众意识提高等社会各方面作出的相应努力，实现"双碳"目标，尤其是碳中和目标，是一个长期的过程，需要政府、企业和公众共同进步。

（三）纺织服装业未来降碳发展方向

在基准、低碳、高碳情景下，碳排放强度都是对碳排放量影响程度最大的因素。根据改进WOA—LSTM预测模型的结果可知，未来纺织服装业的重点应放在降低碳排放强度、争取技术进步，早日实现碳中和目标。结合预测结果，通过上文对纺织服装产业集群重点地区、主要生产的产品种类分析，得出以下三个未来降碳的发展目标。

1. 关注企业高新技术突破

纺织服装业应努力实现高新技术的突破。应大力推广可再生材料的使用，开发新型纤维和面料，如使用环保的天然纤维、有机棉、竹纤维等替代一些合成纤维，减少高碳排放能源的消耗。采用新型环保染整技术，使用天然染料、无水染色、激光染色等新技术。推广智能化设计和制造技术，如数控织造、3D打印等新工艺，实现定制生产，降低废弃物，达到节约资源的目的。利用互联网技术实现数字设计、虚拟样衣系统等，可以提高设计效率，减少样衣制作与运输过程中所产生的碳排放。采用新型织造技术、三维织物等新技术可以实现设计和织造的数字化、柔性化。发展智能服装技术，如可穿戴设备、传感器等技术让服装具有交互和智能化功能。使用自动化技术，自动垫料、自动裁剪、自动缝纫等将提高生产效率和质量稳定性。

这些高新技术的应用可以提高纺织服装企业的制造效率，减少能源和资源消耗，降低碳排放，实现清洁生产和绿色发展。

2. 实施地区特色减排政策

应针对不同地区的纺织服装企业制定差异化的碳减排目标和路线图。全国各地情况各不相同，应根据发展情况设置不同的减排目标，发达地区可设置更高的减排目标，欠发达地区可先从更现实的目标着手。各机构加大财政资金对纺织服装企业的支持力度，给予技术改造和设备更新方面的补贴、鼓励企业采用节能环保的生产设备和工艺；挖掘地区纺织服装企业特色，实地深入地区企业，有针对性地开展减排工作；加强对地区特色纺织服装产业集群的培育和扶持，引导企业开发绿色可持续的特色产品以吸引消费者。以上措施既符合地区优势，也将有利于企业转型升级。

3. 制定碳足迹的评价标准

应尽快制定统一的碳足迹评价标准，以促进纺织服装业可持续发展，减少碳排放。首先，可以建立从原材料种植到纺织服装销售的全生命周期碳排放核算体系，以此建立数据库，核算不同的材料和工艺所产生的碳足迹。其次，应当研发并推广产品的碳标签。在纺织服装产品的标签上标注其生命周期的碳排放量，提高产品的碳排放透明度，帮助消费者选择碳足迹较低的产品。碳标签还可以与企业激励政策关联，例如对低碳产品给予税收减免的优待。根据碳足迹数据库评估出不同材料和工艺的碳排放基准线，再结合国际标准和"双碳"目标，确定不同类型产品的碳排放限额。制定碳中和路线图，引导企业评估自身的碳减排潜力、逐步降低碳排放，从而实现2050年碳中和目标。最后，要建立动态调整机制，随着技术进步和产业转型，需要不断优化纺织服装产品的碳足迹核算方法，调整碳排放标准和路线图。

总之，制定统一的碳足迹评价标准，不仅可以提高纺织服装企业的环境信息透明度，引导企业转型升级，还可以帮助企业把握低碳商机、提升品牌价值，是促进纺织服装业可持续发展的重要举措。

四、对策建议

（一）加快构建企业碳排放监管体系

通过构建完善碳排放监测管理体系，可以使各企业品牌主动承担起环境责任，有效加快纺织服装业的减排工作，对促进纺织服装业可持续发展十分重要。

1.统一碳排放核算方法

应统一碳排放量的核算方法，参考国际通行的碳排放核算标准，制定适用于中国纺织服装企业的统计方法。统计范围应覆盖纺织服装产品生产过程的所有环节。目前业内对于碳排放有多种核算方法，核算出的结果也有所出入，不利于工作执行。应明确数据的收集程度、监测点的设置和质量控制等具体要求，统一关键的核算参数。此外，应根据所在地区和所生产的产品种类来制定单独的核算标准并及时更新优化，使之与实际排放情况、技术发展相适应，提高碳排放核算的科学性和有效性。

2.搭建碳排放监测平台

应由政府牵头，联合行业协会，搭建全国性的纺织服装企业温室气体排放监测平台。引导企业积极登记碳排放的统计数据、确保数据真实可靠。同时，制定严格的考核机制，通过排放权交易等市场化手段引导企业主动减排，加强第三方监测以确保标准严格执行。平台还应定期发布碳排放监测报告，提高碳排放信息披露透明度。通过监测平台，纺织服装企业应与上下游合作企业之间互享碳排放信息的统计与披露，将供应商的碳排放数据纳入采购决策考量，促进整个纺织服装供应链的碳减排。

3.增加技术手段研发投入

应增加技术方面的研发投入、鼓励低碳技术的科研发展，开发应用新材料、新工艺、新设备。对于纺织服装业来说，材料和设备尤为重要，国家和地方层面应提供财政支持，安排专项资金、建立创新基金，资助企业内部和机构高校进行技术研发，同时加强对技术创新成果的产权保护。此外，应建立碳减排的绿色高新技术评价体系，加大对关键低碳技术的示范和推广，积极开展国际合作、引进国外先进技术、培育技术人才，提升纺织服装业整体的创新能力。

（二）应用机器学习技术助力碳中和

机器学习在助力纺织服装业实现碳中和目标中有着巨大的潜力。通过多方面的应用，如优化流程、设计材料、精准预测、跟踪碳排放、开发新工艺等，机器学习在纺织服装业碳中和过程中具有广泛的应用前景。相关企业品牌应积极推进机器学习技术应用，以实现科技赋能绿色发展。

1. 优化生产流程

纺织服装企业可以使用机器学习来优化生产流程、降低能源消耗。应利用机器学习算法，实现织机等设备的精准控制、优化设备的运行参数。可收集企业内的设备数据，建立模型分析不同参数组合对能源效率的影响，然后根据模型的输出结果进行动态调整，实现最优的低碳操作模式。通过计算机视觉等技术，实现对印染、缝纫等环节的质量检测，以减少返工所造成的能源浪费。通过机器学习算法，可预测工厂车间电力负载需求、实现智能用电，还可使用算法进行路径规划，实现智能仓储管理。

2. 设计开发面料

机器学习技术可以帮助纺织服装企业设计开发可持续的纤维和面料。通过模型可以分析不同纤维材料的属性，预测不同材料对环境造成的影响。同时，还可以利用大数据分析，捕捉面料、色彩等方面的需求变化趋势，提前备货以减少临时调配所造成的碳排放。根据销售量和风格趋势预测客户的需求，安排更精准的生产计划，设计开发出更受欢迎、更环保的面料，以减少该过程中的碳排放。

3. 建立碳跟踪系统

机器学习技术可以建立碳跟踪系统。利用传感器和数据库记录纺织服装企业在各个环节的关键数据，找出其中主要的碳排放源，针对性地制定减排策略。对于实现纺织服装业碳中和来说，提升各生产环节中的碳吸收也十分重要。开发碳中和材料的新工艺也可利用相关技术，捕获工艺过程中的碳排放，并将其转化为材料的一部分。其中的主要环节是原材料种植阶段的碳汇，通过碳跟踪系统可以量化关键数据，评估碳汇、碳吸收的成果。

（三）提升全社会减排降碳消费意识

碳达峰、碳中和目标的背后是全社会的共同努力，纺织服装业作为庞大的消费品行业，承担着引导全社会进行绿色可持续消费行为的重要责任。其中，如何引导消费者、提升全社会环保意识是影响未来发展的关键。

1.宣传绿色时尚理念

应积极宣传绿色的服装时尚理念，提高公众对快消时尚所造成的环境影响的认知，利用各种媒体平台，举办系列宣传活动，揭露快消时尚"快"的背后是巨大的资源浪费和污染，以呼吁公众选择绿色时尚、减少浪费。通过教育引导环保消费，宣传低碳和环保消费理念，使其成为消费者选择的重要考量因素，帮助消费者养成对环境负责的购买习惯。同时，社会应限制过度消费，积极完善绿色创新体系，开展服装租赁、二手交易等商业模式创新，实现纺织服装产品的循环利用。

2.开展低碳产品认证

应开展低碳纺织服装产品认证。建立统一的评价体系，对低碳环保的服装和纺织品进行认证，向消费者推广低碳标识，引导其购买绿色产品。对低碳产品实行严格的认证体系，创立绿色品牌协会，推行纤维等原材料的绿色采购，鼓励使用环保型材料如有机材料、可降解材料等，限制使用染料等污染严重的材料，逐步减少人造产品的使用量，降低其对环境的破坏。

3.打造可持续环保品牌

打造可持续环保品牌。为提升公众对于环保的意识，企业品牌应加强员工对环保的意识，营造企业内部的绿色文化，应积极组织开展公益和宣传，吸引消费者参与环保活动，在市场中塑造品牌的绿色和负责任形象，通过多种方式促进消费者对可持续时尚产品的购买意愿。此外，可以与环保组织和机构合作，合力推进可持续发展，并密切关注消费者对环保产品的需求，不断优化产品的可持续性。同时，从一开始就把可持续环保作为品牌的一部分，让它融入品牌定位、愿景和使命中，与秉持相同理念的供应商合作。

第二章　牛仔服装行业绿色发展影响因素及对策研究

一、牛仔服装行业发展现状分析

（一）牛仔服装行业规模现状

牛仔服装具有耐用、舒适等特点，叠加其特有文化属性，使其在全球也十分受欢迎。根据中国纺织建设规划院数据，2021年全球牛仔服装市场规模约为595亿美元，预计到2025年将达到约650亿美元。全球牛仔服装市场消费较为集中。北美和欧洲是传统的全球牛仔服装主销市场，2021年美国牛仔服装市场消费额占比达35.13%，欧洲消费占比34.45%。

牛仔服装大约于20世纪80年代引入中国，随着中国成为世界最大的牛仔面料和牛仔服装生产国，消费者对牛仔服装的认识和接受程度不断提高，中国已经成为牛仔服装的消费大国。中国牛仔服装行业发展历程可以分为以下个阶段。

1.初步发展阶段（1979—1999年）

20世纪70年代末，广东、上海、江苏、辽宁等地相继生产牛仔布和牛仔服装。广州第一棉纺织厂和上海申实纺织有限公司是中国大陆最早始生产原棉牛仔布和牛仔服装的企业。

2.高速发展阶段（2000—2007年）

2001年中国加入世贸组织，随后我国纺织品配额逐步增加，我国牛仔产业在国际上的竞争优势得以充分体现，牛仔服装市场的投资和生产均出现了快速增长，相关企业数量快速上升。

3.结构调整阶段（2008—2012年）

随着全球金融危机的加深，国际产业结构进入深度调整时期，我国牛仔企业传统粗放、外向型增长模式不再适应经济发展环境，进入了淘汰和创新的结构调整时期。

4.新发展阶段（2012—2022年）

随着电商平台和互联网技术的不断渗透发展，以及环保政策的不断推行，推动牛仔面料行业不断创新，优化产业结构，为行业发展注入新动能，行业迎来发展新时期。

据针对中国城镇消费者拥有牛仔服装数量的调查数据显示，人们对时尚不倦的追求造就了庞大的牛仔服装消费市场。数据显示，2021年我国牛仔面料行业市场规模约为

464.89亿元，同比增长0.8%。预计到2028年将达到514.17亿元。从产品等级上看，我国牛仔面料的生产主要集中分布于大众以及中高端市场，2021年大众和中高端的市场份额分别为57%、40%，奢侈品市场仅占比约3%。

（二）牛仔服装行业污染现状

牛仔服装在使用染料的过程中，主要原料的利用率只占30%~40%，剩余的60%~70%的原料废弃物将以排放物的形式直接流入自然环境中。据中国棉纺织协会统计，纺织行业废水排放总量约18亿吨，其中纺染行业印染废水排放量在13.5吨左右。牛仔面料的生产是一套环节众多烦冗的系统作业，涉及纺织、退浆、清洗、喷砂、印染等工序，其中，在后期工序中使用的化学试剂和重金属等导致水源和土壤污染的有害化学成分不占少数。

1.废水问题

虽然牛仔服装的水洗工艺从生产贯穿到消费者使用的整个阶段，但是牛仔服装需要用水的操作环节主要集中在棉花浇灌、面料的染整以及使用者对牛仔服装的日常护理，这三个水洗环节产生的废水在数量上不容小觑。在牛仔面料染整后整理阶段的用水量、废水量巨大，排放污染物在废水中的浓度较高。消费者将牛仔服装带回家进行日常清洗时，仍然有有害物质残留在牛仔面料上，被冲洗掉后会随着洗涤废水进入排水管道，从而形成污染循环链条。若人们在日常生活中继续使用及饮用这类水，严重情况下可导致患癌率上升。据绿色和平组织调查，在新塘镇河流采集的泥沙样本中镉和水的pH值已经越过《土壤环境质量标准》要求的标准指数的"警戒线"。

2.废气问题

废气的主要来源是牛仔面料打磨和烧毛织物过程中产生的粉尘，并最终变为废气。且对废旧牛仔衣物进行焚烧时，伴随产生的气体具有致癌成分。即便这样，还有一些生产砖窑的工厂以服装废料为主要燃料，导致生产工人吸入口鼻中，从而引发肺病、肾病、胃病等疾病。

3.固废问题

服装面料在裁剪过程中大约要损耗3%~5%，损耗的部分变成了边角料。此外，由于在后续的运营过程中可能出现失误或技术不当的情况，会引发库存在供需数量上无法平衡的弊端，导致产品销售缓慢，使得大量过季产品沦为固体"垃圾"。因为需要对面料进行裁剪和留样本等要求，虽然制作牛仔裤在正常情况下只需要1.15米的牛仔面料，但是每条牛仔裤的制作按规定仍要留出来1.37米的余量来加工，这就造成了大量牛仔面料的废弃。此外，工人在生产车间产生的生活垃圾，生产后排放的污泥等都直接造成了固废的形成。

4.牛仔服装行业碳排放量来源情况

为了迎合消费者追崇多元化的消费习惯，牛仔服装生产企业加快了生产速度，这也随之导致一系列资源浪费的问题。近些年在国际大环境的影响下，牛仔服装行业更是意识到绿色低碳对于企业未来可持续发展的重要性。牛仔服装虽然时尚且耐磨，但牛仔服装在整个生命周期内持续释放出二氧化碳，导致环境承载力超出负荷。国外一家主要负责资源数据管理的公司对一条100%聚酯纤维制成的裤子在其使用寿命期间所消耗的能量进行计算，这条裤子分别在中国台湾生产原料，在印度尼西亚制造成衣，随后送到英国出售。假设其保质期为2年，在此期间这条裤子经历了水洗、熨烫、烘干数十次，洗涤时使用的水量，熨烫和烘干时产生电能和热能，总共产生的能源可以为一台电灯照明25小时。

与此类比，牛仔服装生产和使用阶段的污染程度是占比重较大的。从选取原料到成衣再到牛仔服装变为废旧衣物，整个过程总计约释放出32千克的温室气体，可以说牛仔服装的碳排放量是随时随地产生的。这使牛仔服装行业在当今注重低碳环保的大背景下发展道路异常艰难，因此越来越多的牛仔服装生产企业开始重视牛仔服装的环保问题（图2-1）。

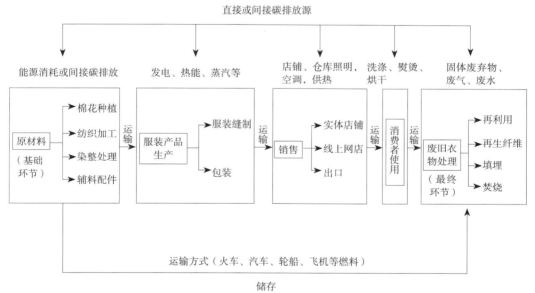

图2-1　牛仔服装生命周期各阶段碳排放源示意图

从牛仔服装生产阶段所产生的二氧化碳排放量来看，牛仔布后整理阶段碳排放量是最多的，占30%，其次是牛仔洗水和牛仔成衣生产环节，各占23%。主要原因是牛仔布织造、后整理、成衣和水洗这四大生产工序使用了大量的蒸汽、水、热能和各种化学试剂，通过各种途径对环境产生负面效应。

（三）牛仔服装行业绿色发展现状

生产一条牛仔裤需要一公斤棉花，生产一公斤棉花需要耗费一万升以上的水，而一万升水几乎等同于一个人十年的饮水总量。但是牛仔服装行业的污染不只涉及水资源浪费，其牛仔产品的整个生命周期的碳排放量也是惊人的，从棉花种植阶段、纺织环节、印染加工、成衣制造、运输、销售到最后服装回收再利用都会产生相应的碳排放量，对大气环境造成污染。各行各业已将绿色发展作为自身重要的发展趋势，这也促使了绿色发展在牛仔服装行业逐渐形成一种社会共识，开始重视"绿色"，并在发展过程中切实可行地落实绿色发展的要求。虽然大部分企业并未付诸实践，只停留在构建绿色理念上，还有部分企业缺少相关理念与方法的指导，但是，在牛仔服装企业排名靠前的数家企业已经开始采取一系列措施努力向绿色发展紧密靠拢。

1.行业管理层责任意识逐渐形成

牛仔服装行业领导责任意识的形成对行业未来的绿色发展起到基础的推动作用。中国牛仔名镇大涌镇作为广东省第二大牛仔生产基地，聚集了约300多家牛仔服装企业，目前大部分牛仔生产企业管理者在积极采取环保措施：将一些污染环节集中在共性工厂里面；通过引进一些新的智能洗水的机器以达到提升工艺、绿色可持续发展的要求；鼎力推行热电联产项目，希望通过启动新能源、清洁能源等项目，以达到推进产业转型升级、绿色发展。在2018年发布的国内牛仔服装行业首份社会责任报告《广东中山大涌牛仔服装产业集群2018年社会责任报告》中，着重强调了绿色发展理念和创新发展要求，是大涌镇推动传统产业转型升级、构建新型产业体系的重大举措之一。

2.政府采用清洁生产工艺推进绿色发展

政府作为行业主导力量，进一步完善和明确推动牛仔行业绿色发展的相关措施。中国纺织工业联合会环境保护与资源节约促进委员会将工厂的绿色化贯彻执行到每个环节，从厂址、原料、生产、废物、能源五个方面着手改善工厂生产环境及降低生产过后造成的环境影响。从2000年起，各部委、省政府和行业协会宣布并推动了企业使用纺织印染生产设备和工艺，此举措是清洁生产过程的重要体现。国家推荐的清洁生产技术为牛仔服装产业的绿色发展提供了有力保障（表2-1）。

表2-1　国家公布清洁生产规划方案

规划方案	部门	时间
当前国家鼓励发展的节水设备（产品）目录（第一批）	国家经济贸易委员会	2001年
国家重点节能技术推广目录（1—6批）	国家发展和改革委员会	2014年
国家鼓励的工业节水工艺、技术和装备目录（第一批）	工业和信息化部、水利部、全国节约用水办公室	2014年

规划方案	部门	时间
国家重点节能低碳技术推广目录	国家发展和改革委员会	2015年
印发纺织工业发展规划（2016—2020年）	工业和信息化部	2016年
水污染防治重点行业清洁生产技术推行方案	工业和信息化部、环境保护部	2016年
印染行业规范条件	工业和信息化部	2017年
中国印染行业节能减排先进技术推荐目录	中国印染行业协会	2007—2018年
"十四五"全国清洁生产推行方案	国家发展和改革委员会等部门	2021年
国家清洁生产先进技术目录（2022）	生态环境部办公厅、发展改革委办公厅、工业和信息化部办公厅	2023年

3. 制定环保低碳评价指标体系

行业相关评价指标体系的制定是行业进行环境友好发展的前提和保证。行业各级单位本着科学和严谨态度促进了生产数据指标标准的制定，并将牛仔服装行业的监管和生产系统化。为了积极推动我国制定的《中华人民共和国环境保护法》和《清洁生产促进法》，广东省纺织协会要求省内企业在牛仔服装生产过程中产生的有毒有害物质要达到最小化甚至消除对环境的影响，以最大化控制资源的消耗和污染的扩散，并根据当地发展现状制定了"牛仔服装洗涤行业清洁生产评价指标体系"。

广东省纺织协会组织发布和实施《牛仔服装洗水操作规范》标准，该举措有助于控制和促进牛仔服装的清洁生产和环境友好型发展之间的平衡关系。制定标准化的管理可以提高工作效率，同时确保员工的人身安全。基于规范化的文件提出有利于牛仔服装供求关系与牛仔质量的协调关系，将牛仔服装行业稳扎稳打地向高端化发展，对牛仔服装相关产品及衍生品的销售起着带动作用。

4. 牛仔生产企业积极参与牛仔环保事业

由于逐渐意识到牛仔服装产品生产对环境带来的破坏程度较大，目前许多知名牛仔品牌在牛仔服装的生产加工过程中投入了更多的环保技术，打造绿色牛仔服装产品。由于牛仔服装的特性，对水资源的需求较大，所以许多企业选择从节约水洗环节入手。均安牛仔服装企业推陈出新，在原有的牛仔洗涤技术的基础上，采用数字激光雕刻技术和臭氧水清洗技术，取代传统的化学试剂洗水，使洗水量和成本降低、减少排放、提高效率，其优势迎合新时代的绿色发展的概念，洗涤技术进入环保时代。2019年，专业从事节能减排的创新型棉纺织企业开平奔达纺织有限公司研发出染色过程不用水、不添加化学添加剂、染色后零排放的无水染色环保型彩牛仔布。

二、牛仔服装行业绿色发展影响因素

在牛仔服装行业绿色发展的道路上存在着各种影响因素，尤其是复杂的牛仔服装生产工艺过程及蒸汽的大量使用引起的巨大碳排放量，对环境产生较深影响。这就要求企业自身意识到碳排放量的重要性，这对整个行业的经济可持续增长和绿色发展具有很大的实际指导意义。在牛仔服装各个阶段都应考虑到环境因素，从而建立起一个低碳环保的生产消费体系。

（一）牛仔服装行业清洁生产分析

随着人类社会的发展和科技的进步，纺织印染行业的可持续发展越来越受到人们的关注。作为可持续发展战略的关键，近几年，中国纺织印染行业积极鼓励新老企业实施清洁生产工艺审核，特别是牛仔服装企业集群较为密集的地区，一些老企业在开展清洁生产的初期虽然取得了较为显著的效果，但仍然需要政府或行业在技术设备上的大力支持与指导，深入研究企业所缺失的技术、科研人员、设备等根源性问题。清洁生产的重点包括面料前处理和染整工艺，这将成为国内外染整行业绿色发展的主流支撑技术。

①开展清洁生产是实现可持续发展战略的需要：在牛仔服装行业染整方面在工艺上提高能源效率，在技术上发展清洁，升级和替换对环境不利的化学染剂和原材料，达到对资源和环境有效管控。清洁生产是实现牛仔服装行业绿色发展道路上最具有实际意义的工程，也是实现染整工业生产可持续发展的必由之路。

②清洁生产是保护自然资源的根本：清洁生产从根本上改变了过去落后的污染防控方法，并要求在污染发生之前必须减少污染源的排放，即减少牛仔面料生产中所产生的污染物及其对牛仔服装生产过程和对消费者使用对环境所带来的负面影响。该措施将资源利用率提高，从长远来看，企业环境经济效益发展良好，且易被企业接纳，同时得到竞争企业的时刻关注。近年来国内外的许多牛仔企业在发展过程中都证明了这一点。因此，清洁生产的有序开展是从根源上遏制环境污染的一种切实可行的方式。

③开展清洁生产可减轻末端治理负担：末端处理作为国内外最重要的污染控制手段，在环境保护中扮演着至关重要的角色。由于工业化进程的发展脚步迅速，大部分企业只关注到了眼前的利益，没有考虑到末端的环境效益治理，导致在做产品收尾工作时，对企业造成的环境成本损害后知后觉。

位于沿海地区的牛仔服装企业集群将近2000家，开展清洁生产的行动需要一定的时间来验证效果。清洁生产打破了传统末端控制的缺点，通过对整个牛仔服装生产过程的层层把控，企业不仅可以减少基础生产设备建设的投资，还可以降低其日常运营成本，很大程度上降低了牛仔企业的经济和资源负担。

④清洁生产是增强牛仔服装企业在同行业中树立环保形象的优选法则：牛仔服装行业想要实现经济、社会和环境的"三效"合一，就要提升企业在同一行业竞争中的影响力和环保形象。清洁生产是一项系统化的举措，在倡导技术创新、设备升级和资源回收的同时，强调提高牛仔生产企业的管理水平，包括从管理层到技术层再到基础操作人员的素质评估，并且清洁生产对改良牛仔服装生产操作间员工的操作状况和减少员工患上职业病的概率的影响是行之有效的，清洁生产的有序开展也帮助牛仔服装生产企业树立良好的社会形象，促进消费者对其产品的放心购买。

⑤清洁生产可以有效消除牛仔服装面料中的有害成分：清洁生产的实质是将污染最小化。环保型的产品采用相符合的原材料和清洁生产工艺，达到降低对人体产生的健康隐患和环境的破坏的程度，从而令牛仔服装行业在国际环保影响力上处于领先地位。

1.清洁生产的内涵

牛仔服装行业在推行清洁生产的过程中，势必会遇到各方面的问题。清洁生产可以划分为两个部分：整个生产过程和整个产品生命周期。

基于以上两点，清洁生产在牛仔服装生产中占据首要位置，在生产过程中，清洁生产技术、清洁设备、清洁管理、清洁技术人员这四个方面是缺一不可的，在整个生产过程中是关键环节，生产出的产品后续可以被良好循环利用（图2-2）。

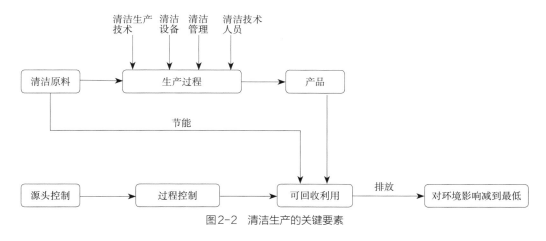

图2-2　清洁生产的关键要素

通过对清洁生产关键要素的分析得出，牛仔服装行业迫切需要有效地实施清洁生产。清洁生产的推动势必要以优先的环保技术和清洁设备为主要发展工具，但这也定会带来成本增加等问题。

清洁生产的本质在于生产前对污染的预防及对生产全过程的把控，将为牛仔生产企业带来长久的利益。清洁生产的对象包括清洁的能源、清洁的生产和服务过程、清洁的产品三个方面。针对没有高效的将清洁生产推广到生产过程中，从牛仔服装行业的实际情况出发，可以从原材料，工艺技术，技术装备的清洁生产三大方面进行分析。

2.原材料问题

牛仔面料的主要生产原材料是棉花，其生产成本为牛仔面料的60%左右。据国家统计局近十年来发布的数据，除了在2017年和2018年的棉花产量处于回升态势，其余几年我国棉花的总产量一直处于下降状态。棉花市场的不稳定性对牛仔行业带来较大影响。印度和美国是主要向中国进口棉花的国家，由于近几年关税的增加使棉花的进口价格提高，并且贸易摩擦也导致了棉花的进口量逐年下降。

棉花价格的上涨对牛仔企业的产品成本增加有着直接的关系，企业不得不考虑使用其他原材料对棉花进行替代，寻找替代品这也将是一个漫长的过程。另外，除了主要的原材料棉花，其他的原材料化学试剂以及金属纽扣等都会产生一定的污染，企业要在原材料方面尽可能做到环保，从根源上贯彻执行清洁生产。

3.工艺技术问题

牛仔布的水洗工艺在牛仔服装生产中发挥着核心作用，它最能体现牛仔服装的核心附加值。数百年的传统水洗工艺流传至今，由于牛仔服装在生产过程中要经历数道工序，其中石磨洗、喷砂、退浆酵洗等工序会产生高耗能、高污染的现象。牛仔服装行业要想顺利推行清洁生产，就要创新牛仔服装水洗工艺，利用更加生态环保的技术进行生产。

牛仔面料生产工艺技术是制约牛仔服装行业绿色发展的关键因素，行业需寻找新的面料生产和染整工艺，以减少对化学试剂的依赖。牛仔服装行业的绿色可持续发展主要是靠工艺技术的研发和创新，在创新过程中做到节能降耗。牛仔服装行业不只应在生产过程中做到可持续性，在纤维织造、缝纫、加工、设计、配饰等方面也应注意到绿色环保，保证低碳效益目标的完成。李维斯作为众多牛仔品牌中的"常青树"，研发了智能水洗牛仔裤工艺，不仅促进了产品的可持续性，还稳固了品牌的市场地位。

4.技术装备问题

（1）生产设备

企业设备的升级提高了面料的附加值，也顺势提高了牛仔服装的市场价格。由于目前国内的牛仔纺织生产设备仍未处于国际领先水准，国内牛仔服装企业要想推行清洁生产，必将要投入大量资金在引进或研发新的生产设备上。浙江鑫兰纺织有限公司作为国内主要牛仔面料生产制造商，其牛仔面料的产量占全球15%。公司生产设备的主要产地为香港，处于国际先进水平，其次是意大利等地，国内主要产地为江苏。设备的价格成为企业要考虑的主要问题，由于大多数设备要从国外进口，其中设备的关税等费用都会附加到设备的成本价格上，导致部分中小型企业不得不考虑设备成本价格。但若没有先进的生产设备，企业生产无法达到国内乃至国际清洁生产水平（表2-2）。

表2-2　浙江鑫兰纺织有限公司主要生产设备

设备名称	产地	套（台）数	先进程度
高速整经机	中国江苏	4	国内先进
自动络筒机	意大利	2	国际领先
莫瑞森自动穿梭机	美国	2	国际先进
必家乐高速大剑杆织机	比利时	320	国际先进
片状浆染联合机	中国香港	4	国际先进
束状染色机	中国香港	1	国际先进
浆纱机	中国香港	1	国际先进
球经机	中国江苏	3	国内先进
分经机	中国江苏	6	国内先进
丝光机	中国香港	1	国际先进
定型机	中国香港	1	国际先进
预缩机	中国香港	3	国际先进
坯成验卷机	中国江苏	33	国内先进
缝纫设备	日本	350	国际先进

数据来源　浙江鑫兰纺织有限公司官网。

（2）环保设施

企业在生产牛仔服装后的后续环保工作上也是至关重要的，牛仔服装行业的清洁生产不只是停留在生产阶段，而应该贯穿整条生产线，将清洁生产落实到每个环节。根据生态环境局公布的项目信息，某公司共投资2500万元，其中200万元用于环保。从环保设施投资表可以看出，生活污水、生产废水的投资额140万元是最高的，其次是定型废气40万元，排水系统10.5万元。环保设施的运用主要是针对牛仔服装生产过程中的所产生的"三废"问题的解决。

因为环保设施的费用在企业投资中占有不小的比重，对中小企业产生了一定的负担，所以一部分中小企业冒着环境破坏的风险，直接将生活污水，工业废水排入自然环境，使企业周边河流的土地等自然环境遭到破坏。

（二）牛仔服装绿色发展关键要素分析

碳排放量是产品在其整个生命周期内的生产、运输、使用和回收过程中直接和间接排放的温室气体总量。

牛仔产品的生命周期过程一般是指产品从获得原材料到包装、分配、运输、使用、处置、再利用的生产以及提供服务的所有阶段，牛仔服装从面料的"诞生"到当作废弃物丢弃的"灭亡",即"从摇篮到坟墓"。产品的碳排放量作为衡量环境情况的一种量的标准,通过对产品碳排放量的计算,牛仔企业可以清楚认识到牛仔服装在整个生产及销售阶段所产生的碳排放量,并针对相应的问题为各个环节定制发展计划。除此之外,对产品的碳排放量进行量化评估,考虑产品的碳排放量,在与其他类似产品做环保指数对比的情况下,对产品是否达到环保标准提供了考量。换句话说,企业在推行绿色发展的道路上需要有产品的评价指数来作为一项基准,是公司改进制度、产品设计、商品运营的主要手段之一。

人人追求快时尚的当代,消费者追求新鲜的款式穿搭,导致牛仔服装的生产速度加快,随之带来一系列浪费的问题。由于目前我国的牛仔服装二次回收利用措施并没有具体执行,导致许多消费者的牛仔服装处于闲置状态,或与其他面料的衣物一起被扔进捐物箱中,没有进行妥善的分类处理,为后续回收利用工作带来不便。所以牛仔服装行业的绿色发展应该具体落实到每个环节,从面料的选择到牛仔服装回收再利用,为每个环节提供统一的标准(图2-3)。

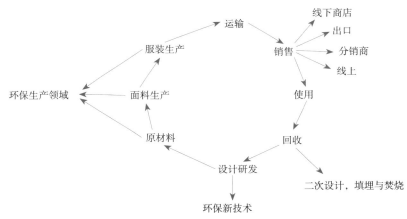

图2-3　牛仔服装生命周期绿色发展关键要素示意图

1. 碳排放量的重要性

通过对温室气体排放量的计算,可以确定主要的排放源,减少排放的同时提高效率。因此,碳排放量的提出为改善环境影响和控制成本提供了更多的可能性。美国要求企业和公司的排放注册必须严格遵守《2008年联合拨款法案》。欧洲联盟(European Union,EU)也率先颁布了具有约束力的减排法律,主要应用在航空领域。2009年,英国政府提出了一项低碳过渡计划,要求每个家庭为低碳未来作出贡献。

除了政策外,碳排放量的核算在经济方面也占有较大的比重。国内外一些经济组织机构已经注意到在未来几年碳排放将对经济效益产生阻碍,所以,近几年各行各业开始计算碳排放量并控制减少排放量,以在行业内占据有利位置。从2008—2009年仅一年的时间，公司的参与数量从383家增长到409家。某顾问公司的调查表明，消费者对产品是否提供碳排放量信息更为关注，并持更大的意愿对产生较低碳排放量的产品进行购买，基于此，政府和行业有关部门正逐步带领企业向低碳环保经济转变。除了关乎行业经济效益外，碳排放量已被当作衡量一个国家公民的健康环保生活方式的重要指标。

2.原材料提取阶段

牛仔服装生产在原材料提取阶段主要使用棉花、水、染料、浆料及化学试剂等。其中最主要的原材料是天然纤维与合成纤维，其中棉花作为一种常见的农作物，也是牛仔服装面料生产主要的天然纤维，其在生长阶段会排放出1.27kg二氧化碳。全球17%～20%的工业废水污染来自纺织业的染整加工。纺织业排出的有毒废水中含有多种重金属，造成水资源变色酸化，最终进入土壤，让原本受到污染的土地加速腐败。

棉花种植阶段产生的环境影响负荷来源于杀虫剂，其种植消耗了世界上22.5%的杀虫剂，在种植棉花时，还会使用到化肥，化肥中含有的化学试剂残留物会流入土壤，使土壤的酸度产生变化，对生物体产生不良影响。不同的纤维排放量情况是有差别的，如聚酯纤维、传统棉花、有机棉花分别会产生9.52kgCO$_2$、5.89kgCO$_2$、3.75kgCO$_2$。因此，选择合适的纤维可以大大降低服装行业的碳排放。

全球17%～20%的工业废水污染来自纺织业的染整加工。纺织业排出的有毒废水中含有多种重金属，造成水资源变色酸化，最终进入土壤，让原本受到污染的土地加速腐败。

3.服装生产加工阶段

服装加工过程中的碳排放量主要来自使用设备时产生的蒸汽，是占牛仔服装整个生命周期碳排放量比例最大的。牛仔布后整理阶段经过烧毛、退浆、丝光、拉幅、预缩等多道工序（图2-4），会产生9.6kg的二氧化碳，牛仔成衣阶段产生约7.36kg二氧化碳，同时伴有废弃的牛仔边角料等固体废物。工厂办公区、生活区使用的空调系统产生的氢氟烃（HFCs）等逸出性温室气体对环境影响较小，可根据实际情况选择性计入碳排放。

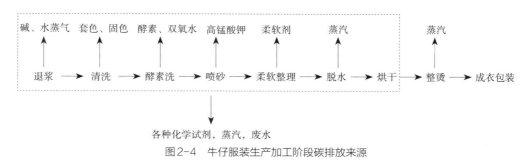

图2-4　牛仔服装生产加工阶段碳排放来源

牛仔服装面料可以经过几十种方式成衣。其中面料的生产加工及成衣制作是牛仔服装生产最关键的环节，耗费时间最长、需要生产员工和设备数量最多，也是成本消耗量最大、产生碳排放最复杂的环节。

对大量固体废弃物和员工平时生活作业产生的垃圾的处理，焚烧产生的气体和粉尘对大气层造成污染；单纯的填埋耗费时间，不易降解。

牛仔服装企业由于规模不同，导致生产过程所需的设施条件不同，所产生的噪声和毛尘对操作间的工人身体健康带来影响。

4.运输方式及销售阶段

运输方式贯穿牛仔服装行业产业链，从原材料到生产制造再到分销零售最后到回收废弃牛仔服装再利用，每个环节的相互联结都离不开物流运输。服装的运输方式主要是陆运，如需服装出口还要通过船舶或飞机运输。在对服装进行运输的过程中，交通工具的运行也会耗费能源，汽车尾气直接散播在空气中，轮船柴油直接排入海洋里，污染物的排放也会污染大气和水域，从而对人类健康产生负面影响。并且有些企业若没有考虑到合适的地点和物流运输路线，运输距离的增加也必然会增加能源的消耗。

服装销售阶段牛仔服的仓储会产生电力相关的能源消耗，以及店铺的照明、空调维护、供暖和收付款这些活动都需要用到大量的电和热等能源，是服装销售阶段主要碳排放的来源。此外，在售卖产品时通常涉及赠送顾客包装袋、购物袋、账单等行为会产生间接碳排放。尤其是有些外包装使用了甲醛超标的化学染料来印刷，对消费者的健康构成威胁，也对环境造成无法逆转的后果。

5.消费者使用阶段

服装经消费者购买入手后，碳排放并没有停止，在后期使用时，由于需要多次洗涤和熨烫，其产生的碳排放量占整个服装生命周期碳排放量的三分之二。服装使用过程中的碳排量将会达到服装自身重量的数倍，尤其像牛仔这种合成面料在水洗过程中会有超细纤维随洗衣废水流入自然水域。消费者使用的洗衣液里可能含有增白剂、荧光剂、香精、表面活性剂等会造成水富营养化的成分，这些纤维中的有毒化学成分，会对水生态系统产生不容小觑的污染，水域里的生物及食物链也会受到影响。消费者的不良洗衣习惯也会增加洗衣环节的能源消耗及对环境的危害。由此可见，二氧化碳的排放不仅与行业生产技术、设备能耗有关，还与消费者的消费观念及使用习惯存在必然的联系。

据某棉花公司调查数据，在培育消费者的消费倾向选择时，四川省内96%的消费者更看重对提供产品培训的品牌，在北京地区92%的消费者认为可持续发展很重要，在重庆80%的消费者愿意为高品质支付更多的费用。但是购买牛仔服装动机的调查显示，中国消费者主要的购买动机仍然是看中服装的舒适度、品质、款式等因素，可持续性、功能性等购买因素排在最后。还有从中国消费者对棉以及人造纤维制牛仔的不同态度可以看出，消费者对人造纤维制成的牛仔在可持续性方面关注度仅为10%，在多功能性方面关注度为16%，消费者对待100%棉质和人造纤维制成的牛仔态度差异还是较大的，这就要求政府及行业应该及时积极地引导消费者绿色消费意识，反向促进牛仔服装行业的绿色发展。

6.废旧牛仔产品回收再利用阶段

据中国循环经济协会数据统计，每年中国要丢弃近3000万吨的废旧衣物，并且这个数字在持续上涨，未来会达到5000万吨。据统计，回收箱中真正能被捐出去的衣服只占比10%左右，剩余的70%以上的旧衣仍然面临着被填埋、焚烧的命运。废旧衣物作为垃圾污染的另一种存在形式，服装原料中被大量使用的聚酯纤维，填埋后往往需要200年才能被自然分解。

回收利用阶段是牛仔服装整个生命周期的最终环节，牛仔面料的废弃来源主要是人们日常生活中的旧服装以及非牛仔服装产品等。由于没有具体妥善的处理措施，废弃牛仔服装数量不断增长，其燃烧废弃衣服产生的二氧化碳是其自身重量的三倍。闲置牛仔产品回收阶段对环境的影响主要来自统一回收处置过程中产生的废气排放和填埋产生的固体废物（图2-5、图2-6）。

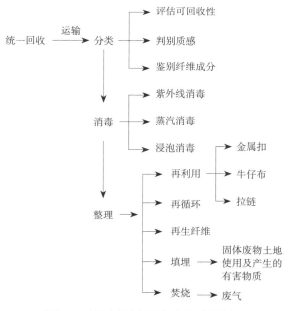

图2-5　废旧牛仔产品回收再利用处置过程

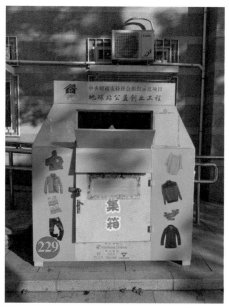

图2-6　校园废旧衣物回收箱

基于对以上牛仔服装生命周期全阶段的具体分析，可以总结出牛仔服装行业的绿色发展需要在各界力量努力的基础上结合当地企业实际生产情况进行下一步具体措施的实施。

本书从以下三方面找出其中存在的问题：第一，政府：监管力度不足；政策落实实施不到位。第二，行业：环保生产设备配置较低；运输方式和销售方式存在不合理性；缺乏专业设计技术人才向企业输送；消费者缺少对绿色消费的认知。第三，企业：依然存在传统的生产管理发展模式；缺少现代管理技术；缺乏自主研发设备。并根据以上出现的问题提出牛仔服装行业绿色发展相应的对策建议，为牛仔服装行业从业者和消费者提供社会实践价值。

三、牛仔服装行业绿色发展对策

随着人们对服装品质要求的不断提高，来自环保和能源方面的压力促使纤维面料、水洗技术和化学原料持续进步发展，服装水洗行业将展现出更加广阔的发展空间和前景，其地位和作用也将进一步提高。牛仔服装行业要想跻身于世界水洗行业的供应链中，就要有效解决"三废"等环境污染问题，研发先进的加工生产工艺及相关技术，企业的生产设备要向国际水平靠近，做到在绿色发展上与国际行业接轨。

绿色低碳已成为牛仔服装行业可持续发展的导向。通过对牛仔服装整个生命周期牛仔服装所产生的碳排放现状分析，产业的绿色发展还有很长的路要走。绿色低碳产品的设计已成为当务之急，要求企业从材料选择、产品结构、功能性、设计理念、制造工艺等各个层面进行升级，确保绿色消费的实现。此外，牛仔服装的包装、运输、储存、使用、废旧衣物的处置等措施都应考虑在其中。企业可以选择不同环保原材料、技术改进、设备升级以及提高牛仔服装产品的回收利用率等措施来降低对环境的影响。

（一）政府建立高效政策制度

节能减排作为国家重点政策，需从整个国家的长远利益和环境承载力出发进行筹备策划，为节能减排的前期准备工作提供核心制度支撑，政府在鼓励企业实施绿色发展的同时，还要建立高效的政策制度来辅助企业顺利进行可持续性发展，帮助提升现有的能源消耗系统，以减少能源使用；政府支持引导能源环保开发和制造业的前进方向，将资本引入牛仔服装行业中的高耗能环节，以此支撑低碳产业的发展，促使牛仔服装行业与低碳经济"两驾马车"同时并进。除此之外，对积极应用环保和节能措施的牛仔服装企业及项目专利等，提供适当的优惠补贴，对其行为进行鼓励嘉奖。

此外，国内目前低碳产品检验标准的欠缺，在很大程度上限制了牛仔服装企业的低碳发展。在不久的将来，低碳环保时代需要全员参与其中，所以必须加快产业升级，进行制度创新，创新是发展的前提也是发展的关键所在。国内牛仔产业的规模和发展模式在适应国际大环境背景下必须有所改变。化学纺织品的含量和生态环境保护指数必须严格遵循国际标准，以免被发展遗忘。

1.废旧牛仔服装回收资源化

由于废旧的牛仔服装来自世界各地,经过物流输送历经多个地方,所以必须对统一回收的废旧牛仔服装进行初期消毒和归纳分类。首先对产品进行归类,统一消毒,最后完成打包发往各个地方。因蒸汽和紫外线消毒费用不高,破坏程度小,故当前运用范围较广。

目前,国外牛仔品牌对废弃牛仔服装的利用已不仅限于单纯的回收废旧牛仔布,还将应用范围拓展到其他领域,比如利用物理或化学处理方法把废弃牛仔布中的可再生纤维提取出来,找到合适的产品二次使用到其中,或者把能重复穿着的牛仔服装卖给二手店铺,进行二次流通。对于无法再穿着的牛仔面料,则运用生态设计成其他产品,如生活用品、花盆、钱包等。通过以旧换新的处置方式,在实现行业利益最大化的同时,减少环境碳足迹。

2.政府对企业加强监管力度

大众人均消费水准随着经济的发展也逐渐提高,更多的消费者开始关注纺织服装产业供应链的透明度,关注和期待服装面料及产品在制造过程中能否尽可能地符合绿色可持续标准,因此,提高牛仔服装生产经营企业信息透明度势在必行。相关部门应建立清洁生产的评价体系,完善科学有效的测评和监控系统,及时公开、公布企业生产过程中使用和排放有毒有害物质的情况,促进节能减排技术应用,引导牛仔服装企业走上绿色发展之路。

牛仔服装企业要积极履行企业社会责任,把清洁生产放在生产管理工作的核心地位。从基础的原材料选取到染化料的选购,从生产工艺的使用到产品设计的构思最后是配合技术设施等,都需要企业的层层把关,同时应把环保理念放在首要位置。将自主创新意识与引进再创新行动相融合,加强技术改造,将低耗能、高效率设备列为首选,改良工艺和利用环保制剂,加强行业监管力度,为减少环境污染保驾护航。

(二)行业优化选择

1.设备改造升级化

升级现有设备,研发新型节能环保机器,是促进牛仔服装行业绿色发展的有效途径之一。比如节能改造中央空调、普及应用LED照明、淘汰低效率落后缝制设备等,其中,喷水织造废水处理回用技术对排放物中的大多数污染排放物去除效果显著,能使回收利用的废水"变废为宝"达到二次利用标准指数。山东福嘉化纤织造有限公司目前正处于此项技术的尝试阶段,服装在纺织环节产生的废水再次利用率由原来的75%提高到接近100%,即无废水排放,实现牛仔服装的连续性清洁生产,年排放废水近27万立方米。预计在2024年,该技术的推广应用比例将达到60%,年节水率将达到1500万立方米。

2.运输方式和销售方式合理化

选择合适的运输交通工具对牛仔服装生产的低碳排放也有一定的促进作用,例如,物流配送时可以将飞机改为火车或者汽车运输；企业可以为员工准备班车；住所离企业较近的员工可以选择共享单车、步行等出行方式。

在实体店铺销售阶段，店铺可采用节能环保的LED灯，位于临街的店铺可以在装修时考虑将日照引入店内，缩短灯照明时间，或在仓库安装高效节能的空调系统。赠予顾客的手提袋尽量使用可回收或可降解材质制成的。

3.行业培养核心技术人员

从高校培养人才方面来看，高等院校服装设计专业担负着为服装行业培养高级服装设计人才的重任，学生在校期间不仅学习服装的打板等技能，还需要了解国际最前沿的服装面料，将环保与时尚完美地相结合。学校为社会和企业培养传送相关领域的多功能的高科技人才，有助于服装技术与文化的发展，更好地完成促进社会文明发展的任务。牛仔服装行业的绿色发展始终要以人才和技术为核心，高校的人才培养教育在制定授课内容时也要考虑到当下服装产业的需求。

在前些年，某些快时尚品牌的管理层就已经敏锐察觉到未来国际服装市场的走向，便着手为设计师和时尚买手准备了具有未来前景的可持续发展相关的信息资源培训课程，累计时长2200个小时。美国某快时尚品牌公司与其他相关企业密切合作的同时也在持续关注着碳排放的降低。作为快时尚品牌，其每周生产出大量服装，其产生的碳排放量来自上游产业，因此公司更侧重于对减排工作的规划，以此消除产业链中的污染物排放等环境问题。在前几年，该公司将车间的绿色发展理念引入品牌建设中，对关键操作人员进行专门培训。主要课程是有效提高资源利用率和水资源的使用，并向企业参训人员传达最新国际有关环境保护组织制定的策略，并且在南亚、东南亚等众多国家开展了14个培训班，139家企业共派出了280多人参与了培训。这些培训班会坚持举办下去，目的是为服装行业培养出更多的核心科技人员。课程的内容也会随时顺应经济环境的发展而改进，令品牌方及相关供应商将解决环境问题列为首要绿色发展条件。因此，对牛仔服装产业链中所有人员灌输绿色环保观念和可持续发展理念对于牛仔服装服装行业的绿色发展是必不可少的。

牛仔服装企业的建设，其实是对人才结构进行合理优化。一个行业要想在市场中处于屹立不败的地位，与完整的人才分配制度是密不可分的，牛仔服装行业也是如此。首先，行业都是以市场为主要导向，针对这种情况引进和选取高端科技人才是牛仔服装行业管理的重要组成部分也是其基础。其次，要在能控制成本的前提下，将人才的引进与企业的发展规划相结合，将"人企"二者主要功能发挥到极致，在行业发展时同步完善人才培养机制，使人才与行业的发展做到共同前进。牛仔服装行业的绿色发展需要更多的新鲜血液。

4.社会引导消费者绿色消费观念及消费习惯

消费者的消费观念与行业生产低碳环保产品是相互促进的作用，所以要引导、培养健康的牛仔消费文化。消费者在使用过程中会反复清洗、熨烫、烘干牛仔服装。因此，使用环节也是牛仔服装碳排放量较大的环节，消费者应有意识地首选以减少资源与能源消耗的方式清洗衣服。假设将服装水洗温度从40℃调至下降10℃，服装便能在洗涤环节就少产生约40%的能源。英国的消费者每次在洗涤衣物时注意用30℃的水温进行洗涤，便可帮助节省相当于英国全部路灯发电长达10个月的电力。

美国棉花公司（Cotton Incorporated）调查发现，71%的消费者会选择含量为100%的棉质牛仔，其次61%的消费者对天然染料制成的牛仔服装感兴趣，47%和32%的消费者分别对具有回收材质制成的牛仔和具有节水工艺的牛仔服装感兴趣。由此可见，消费者对于牛仔服装的制成面料是否环保的重视度并不高，这容易导致行业所生产的环保型牛仔服装不被消费者所接受，从而直接影响牛仔服装行业的产品产量和销量。所以消费者对可持续性的关注度是推进牛仔服装行业绿色发展道路上必不可少的一步。

（三）企业转变生产发展方式

1.原料无害化

牛仔服装清洁生产应首先应对原材料和化学染料的生产及棉布等原材料的质量进行把控。由于牛仔服装的主要污染源是染剂等化学制剂的使用，所以企业要严格依照国家相关标准选择使用环保安全的化学制剂，包括配件如牛仔服装上金属拉链和金属纽扣的替代品等。清洁生产如今已成为社会可持续发展的新途径，研发任何产品的时候首先考虑的就是产品原材料是否做到环保，不损害生产工人及消费者的身体健康。

原材料的选取是牛仔服装整个生命周期的基础环节，是牛仔服装生命开始的"摇篮"。为了减少棉织品的富营养化、酸化和生态毒性的影响，应该从棉花种植阶段入手，寻求解决途径。

棉花是一种耗水量极大的农作物，美国棉花行业自20世纪80年代以来一直在探索棉花种植节水技术。如今美国棉花的用水量下降了82%，并且三分之二的棉田不需要灌溉，完全充分利用该地带每年的自然降雨。美国各地的棉花种植者开始使用计算机湿度传感器等工具监测土壤有效水位。以前，不得不定期灌溉，但效果不明显；现在，只有当某技术被认为有效时，才会对种植棉花的土地进行灌溉。2020年5月，美国国际棉花协会宣布成为可持续服装联盟的成员，该行业在过去35年里，在追求棉花可持续种植方面取得了显著的成效。

除了改进天然纤维棉花的种植方式，绿色再生纤维（如Lycocell纤维、木棉纤维、天丝、竹纤维、玉米纤维等）、可降解合成纤维、回收材料制成纤维等为牛仔服装生产带来更多的可选性。其他一系列可持续的绿色原材料，包括绿色浆料、染料、环保型助剂等都会对生态环境改善起到辅助甚至决定性作用。

2.生产工艺清洁化

牛仔面料生产的一大特点是加工过程包含大量的水洗环节，同时需要加入化学制剂营造艺术风格。虽然现在企业都在努力进行技术创新，但这条创新之路是曲折的，目前大多数企业已设法在不破坏牛仔面料原有的艺术特性的前提下，最大程度上在牛仔服装生产过程中减少对化学试剂和用水量，做到清洁生产。国内外一些牛仔品牌企业在生产及销售阶段提出的环保理念可以作为有力的参考价值。

日本某快时尚品牌在节水技术方面也做出了很大改进。其制造的具有纳米气泡和臭氧洗涤科技的环保设施能够在确保不破坏牛仔服装的质地和呈现出来的效果的双重保证下，极大程度地降低整个生产过程使用的水量。这一技术在牛仔服装的清洗生产环节成为新的里程碑。为了满足市场绿色消费需求，该公司将采用"生态磨料"来代替以往的石材摩擦工艺，同时在牛仔布后期表面加工工艺中引入激光工艺，以避免前期准备工作中浮石和染剂的有害残留物对环境和水域造成不可挽回的污染。

目前国内牛仔行业也在积极研发环保技术设备，通过对设备的升级改良，达到节能减排的目的，从而进一步推动清洁生产的发展（表2-3）。

表2-3　节能减排创新应用技术

企业名称	应用名称	应用类型
开平奔达纺织有限公司	无水染色环保彩牛面料	纺织新工艺
	定型机两浸一扎技术	纺织新工艺
	灯芯绒煮漂优选工艺	纺织新工艺
	环保节能型牛仔面料工艺	染色技术
黑牡丹纺织有限公司	染色水洗自动控制系统	染色新工艺
	引进高速机电一体化无梭织机，生产高支、高密等高档机织牛仔布项目	设备升级
	低碳节水型牛仔布纱线清洁染色关键技术	低温染色技术
江苏瓯堡纺织染整有限公司	淡碱回收项目	循环利用技术
新疆如意纺织服装有限公司	活性染料染色残液三相旋流连续脱色与再生盐水循环技术及其产业化	染色新工艺
魏桥纺织股份有限公司	全自动理管机的研发与应用	设备专件

数据来源　中国棉纺织行业协会官网。

由于逐渐意识到牛仔服装产品的生产对环境带来的影响较大，目前国内许多牛仔生产企业对牛仔服装的生产加工过程投入了更多的环保技术，打造绿色牛仔服装产品。因为牛仔服装对水资源的需求较大，所以许多企业选择从水洗环节入手。采取节能环保的生产工艺，以达到牛仔服装产业低碳转型的目的。比如开发出新的染色工艺来改进传统的印染技术，将染色、水洗和整理结合在一起，就可以减少加工时间和二氧化碳排放。

从原材料进行环保生产是产品整个生命周期绿色发展的开始，为了实现这一理念，符合市场需求，完善行业绿色发展机制，有服装公司使用环保微生物，将染色用水量减少90%。有公司从飞禽类和蝴蝶等生物中提取出了颜色基因，并将其植入某些微生物中，使它们呈现出不同的颜色。数据显示，该染料相比传统染料的加热温度更低，可减少多达90%的用水量，可以帮助牛仔布生产企业减少对环境的显著影响。

亨斯迈纺织染化（Huntsman Textile Effects）公司于2018年9月推出了UNIVADINE E3-3D扩散促进剂升级版，以帮助纺织企业以环保和高效的方式对涤纶及其混纺织物进行染色，使其符合当前和未来的行业可持续标准。据悉，该扩散促进剂味道小，不含有损人体健康有害物质。此外，扩散促进剂对聚酯纤维具有很高的亲和力，无论在低温还是高温环境下，纤维都能达到一定程度的膨胀，以此来增加染料的扩散强度。多重匀染机则能减少对染料的吸收，保证染色安全无瑕。

生产工艺清洁化是牛仔服装行业绿色发展和顺利转型的关键之举。有了生产工艺技术的支持，牛仔服装行业能早日完成节能减排目标。在牛仔服装行业内进行切实有效的生产工艺的推广与设备的应用，有助于牛仔服装行业的绿色发展升级，但唯有低碳环保技术的发展，才能为牛仔服装行业带来巨大的经济效益与环保成效。

[1] 中国社会科学院宏观经济研究中心课题组. 未来15年中国经济增长潜力与"十四五"时期经济社会发展主要目标及指标研究[J]. 中国工业经济，2020（4）：5-22.

[2] 胡鞍钢. 中国实现2030年前碳达峰目标及主要途径[J]. 北京工业大学学报（社会科学版）2021，21（3）：1-15.

[3] MURAYAMA Y, ESTOQUE R C. Urbanization: concept, mechanism, and global implications [M]// HIMIYAMA Y, SATAKE K, OKI T. Human Geoscience. Singapore: Springer, 2020: 261-282.

[4] HOCHREITER S, SCHMIDHUBER J. Long short-term memory [J]. Neural Computation, 1997, 9(8): 1735-1780.

[5] KONG F, SONG J B, YANG Z Z. A novel short-term carbon emission prediction model based on secondary decomposition method and long short-term memory network [J]. Environmental Science and Pollution Research, 2022, 29(43): 64983-64998.

[6] 张国兴，苏钊贤. 黄河流域交通运输碳排放的影响因素分解与情景预测 [J]. 管理评论，2020，32（12）：283-294.

[7] MOSTAFA BOZORGI S, YAZDANI S. IWOA: An improved whale optimization algorithm for optimization problems [J]. Journal of Computational Design and Engineering, 2019, 6(3): 243-259.

[8] 黄海霞，程帆，苏义脑，等. 碳达峰目标下我国节能潜力分析及对策[J]. 中国工程科学，2021，23（6）：81-91.

[9] LIU Z, GUAN D B, WEI W, et al. Reduced carbon emission estimates from fossil fuel combustion and cement production in China [J]. Nature, 2015, 524: 335-338.

[10] GENG Y H, TIAN M Z, ZHU Q A, et al. Quantification of provincial-level carbon emissions from energy consumption in China [J]. Renewable and Sustainable Energy Reviews, 2011, 15(8): 3658-3668.

[11] 李畸勇，张伟斌，赵新哲，等. 改进鲸鱼算法优化支持向量回归的光伏最大功率点跟踪[J]. 电工技术学报，2021，36（9）：1771-1781.

[12] WANG Z J, YANG N N, LI N P, et al. A new fault diagnosis method based on adaptive spectrum mode extraction [J]. Structural Health Monitoring, 2021, 20(6): 3354-3370.

[13] HOUGHTON R A, HOUSE J I, PONGRATZ J, et al. Carbon emissions from land use and land-cover change [J]. Biogeosciences, 2012, 9(12): 5125-5142.

[14] 顾佰和，谭显春，谭显波，等. 制造系统生产单元碳排放核算模型[J]. 中国管理科学，2018，26（10）：123-131.

[15] 魏文栋，张鹏飞，李佳硕. 区域电力相关碳排放核算框架的构建和应用[J]. 中国人口·资源与环境，2020，30（7）：38-46.

[16] 王安静，冯宗宪，孟渤. 中国30省份的碳排放测算以及碳转移研究[J]. 数量经济技术经济研究，2017，34（8）：89-104.

[17] 王来力，杜冲，吴雄英. 我国纺织服装行业的碳排放分析[J]. 纺织导报，2011（10）：19-22.

[18] 杨本晓，刘夏青，侯锋. 基于投入产出法的中国纺织服装产业碳排放核算[J]. 毛纺科技，2022，50（12）：130-135.

[19] MUTHU S S, LI Y, HU J Y, et al. Carbon footprint reduction in the textile process chain: Recycling of textile materials [J]. Fibers and Polymers, 2012, 13(8): 1065-1070.

[20] HEIL M T, SELDEN T M. Carbon emissions and economic development: Future trajectories based on historical experience [J]. Environment and Development Economics, 2001, 6(1): 63-83.

[21] 徐国泉，刘则渊，姜照华. 中国碳排放的因素分解模型及实证分析：1995—2004 [J]. 中国人口·资源与环境，2006，16（6）：158-161.

[22] HU C Z, HUANG X J. Characteristics of carbon emission in China and analysis on its cause [J]. China Population, Resources and Environment, 2008, 18(3): 38-42.

[23] 陈占明，吴施美，马文博，等. 中国地级以上城市二氧化碳排放的影响因素分析：基于扩展的STIRPAT模型[J]. 中国人口·资源与环境，2018，28（10）：45-54.

[24] SHARIF A, ALI RAZA S, OZTURK I, et al. The dynamic relationship of renewable and nonrenewable energy consumption with carbon emission: A global study with the application of heterogeneous panel estimations [J]. Renewable Energy, 2019, 133: 685-691.

[25] LIN B Q, BENJAMIN N I. Influencing factors on carbon emissions in China transport industry. A new evidence from quantile regression analysis [J]. Journal of Cleaner Production, 2017, 150: 175-187.

[26] 冯博，王雪青，中国各省建筑业碳排放脱钩及影响因素研究[J]. 中国人口·资源与环境，2015，25（4）：28-34.

[27] 王来力，吴雄英，丁雪梅，等. 中国纺织服装行业能源消费碳排放因素分析[J]. 环境科学与技术，2013，36（5）：201-205.

[28] 李一，石瑞娟，骆艳，等. 纺织工业碳排放峰值模拟及影响因素分析——以宁波市为例[J]. 丝绸，2017，54（1）：36-42.

[29] 巩小曼，柳疆梅，衣芳萱，等. 新疆纺织服装行业碳排放与经济增长的关系研究[J]. 丝绸，2021，58（2）：79-84.

[30] XU B, LIN B Q. Assessing CO_2 emissions in China's iron and steel industry: A dynamic vector autoregression model [J]. Applied Energy, 2016, 161: 375-386.

[31] 雷玉桃，张萱，孙菁靖. 中国制造业部门碳减排潜力估算及预测[J]. 统计与决策，2023，39（4）：168-173.

[32] HUANG Y S, SHEN L, LIU H. Grey relational analysis, principal component analysis and forecasting of carbon emissions based on long short-term memory in China [J]. Journal of Cleaner Production, 2019, 209: 415-423.

[33] ZHU C Z, WANG M, DU W B. Prediction on peak values of carbon dioxide emissions from the Chinese transportation industry based on the SVR model and scenario analysis [J]. Journal of Advanced Transportation, 2020, 2020: 8848149.

[34] 胡剑波，赵魁，杨苑翰. 中国工业碳排放达峰预测及控制因素研究——基于BP-LSTM神经网络模型的实证分析[J]. 贵州社会科学，2021，381（9）：135-146.

[35] 胡振，龚薛，刘华. 基于BP模型的西部城市家庭消费碳排放预测研究——以西安市为例[J]. 干旱区资源与环境，2020，34（7）：82-89.

[36] 栾建霖，冯胤伟，李海江，等. 基于深度学习模型的船舶碳排放时空预测研究[J]. 科研管理，2023，44（3）：75-85.

[37] LIN B Q, CHEN Y, ZHANG G L. Impact of technological progress on China's textile industry and future energy saving potential forecast [J]. Energy, 2018, 161: 859-869.

[38] 师佳，宁俊. 我国纺织服装行业碳排放影响因素及达峰预测[J]. 北京服装学院学报（自然科学版），2022，42（3）：66-74.

[39] 魏道培. 更绿色环保的牛仔染料：生物靛蓝[J]. 中国纤检，2019（9）：117-118.

[40] 吴湘济，朱彦，朱玮娜. 牛仔面料的流行趋势及其设计[J]. 上海工程技术大学学报，2009，23（1）：78-83.

[41] 李戎，胡婷莉，刘红玉，等. 退浆工艺对环境的污染及其对策[J]. 印染，2009，35（5）：49-51.

[42] 李健，石文斌，杨建忠. 废旧牛仔布的回收利用探讨[J]. 国际纺织导报，2013，41（2）：78-80，82.

[43] 梁龙. 智慧靛蓝技术助力牛仔产业绿色发展——中国纺织生态文明万里行走进邢台 [J]. 中国纺织，2019（12）：144-145.

[44] 李国庆，周钢. 美国牛仔文化的跨国特质、起源论争及神话传播[J]. 史学月刊，2024（5）：79-88.

[45] 洪耀鑫. 废弃牛仔服装面料再设计[J]. 西部皮革，2024，46（7）：22-24.

[46] 陈开俊. 数智化技术在"低碳"牛仔服装产业设计与开发中的应用[J]. 西部皮革，2024，46（5）：121-123.

[47] 马玉单，邹玲玲. 我国牛仔行业发展现状及趋势[J]. 纺织导报，2023（6）：30-32.

[48] 张海焕，张苗，刘柳，等. 牛仔经纱免退浆工艺探究与应用[J]. 齐鲁工业大学学报，2023，37（3）：45-52.

第二篇

绿色消费篇

　　绿色消费是消费领域的一场深刻变革，关系到整个生产生活方式的绿色低碳转型。从生产到生活方式的转变，涉及理念、理论、制度、行为以及文化的相互启发与牵动。本篇将从"双碳"政策与服装绿色消费理论与现状、服装绿色消费指数体系研究、绿色消费传播策略研究三个研究方向展开，整合政府政策、学界观点、技术成果、商业模式、消费心理、文化潮流、社会传播等维度对绿色消费研究、规范、推广、普及的成果，描述绿色成为时代发展重要方式的轨迹，剖析可持续发展的动力基因。

　　虽然生产生活方式的绿色低碳转型逐渐成为社会的普遍认知，但转型的目标、方向、路线、措施、评价以及涉及的政府战略规划、产业资源配置、技术攻关应用、大众行为模式需要从系统角度实现闭环联动。本篇采用定性研究与定量分析、理论解读与实践探索相结合的方法，在政策层面完成了对我国绿色消费政策的整理与解读，在理论层面完成了国内外绿色消费重要研究成果的梳理与整合，在评价层面完成了绿色消费指数（服装）的提取与体系构建，在文化层面完成了绿色消费大众传播的效果分析与策略建议，在措施层面完成了绿色消费行为指南的细化与设计。

　　绿色低碳的大势所趋与阻力重重交织在一起，如何克服转型中旧观念的束缚、习惯的惰性、未知的困惑？如何在价值多元和技术多变的时代快车上握紧舵盘？本篇内容基于上述问题进行了针对性的阐述，对绿色消费政策的延伸、资源的优化、技术的突破、商业的迭代、文化的创新具有启迪与引导意义。

第三章 "双碳"政策与服装绿色消费理论与现状

一、"双碳"政策与绿色消费

生态环境问题日益凸显，全球生产体系、消费模式、生活方式都在朝着绿色可持续方向发展，绿色价值观正在逐步形成。随着生态文明建设纳入国家战略层面，随着"碳达峰"与"碳中和"目标的提出，随着绿色发展成为全球共识与大势所趋，绿色低碳转型已成为未来培育企业竞争力、产业可持续性、国家话语权的原动力。而绿色消费是构建绿色生活方式、促进资源循环节约、推动科技创新改革、带动产业减污降碳、推进经济社会高质量发展的重要途径。服装绿色消费作为绿色消费的重要部分，也将起到关键作用。

（一）"双碳"政策背景和目标

1.环境问题日趋严重

我国环境问题层出不穷，全球变暖影响加剧，高温、强降水等极端事件增多增强，气候风险指数呈不断上升趋势。《中国气候变化蓝皮书（2023）》指出，中国气象局全球表面温度数据集分析表明，2022年全球平均温度较工业化前水平（1850—1900年平均值）高出1.13℃，为1850年有气象观测记录以来的第六高值；2015—2022年是有气象观测记录以来最暖的八年。1901—2022年，中国地表年平均气温呈显著上升趋势，平均每10年升高0.16℃，高于同期全球平均升温水平。2022年中国地表平均气温较常年值偏高0.92℃，为21世纪以来的三个最暖年份之一。1961—2022年，中国极端高温事件发生频次呈显著增加趋势，中国气候风险指数呈升高趋势。2022年中国共发生极端高温事件3501站日，极端高温事件频次为1961年以来最多；其中，重庆北碚（45.0℃）和江津（44.7℃）、湖北竹山（44.6℃）等共计366站日最高气温突破历史极值。全球主要温室气体浓度逐年上升。2022年世界气象组织发布《温室气体公报》，报告显示，1990—2021年，长寿命温室气体（二氧化碳、甲烷和氧化亚氮等在大气中滞留时间长的温室气体）对气候的增温效应增加了近50%。2021年二氧化碳、甲烷和氧化亚氮的浓度值分别为1750年工业化前水平的149%、262%和124%。由此可见，环境问题日趋严重，保护环境刻不容缓。

2."双碳"目标正式提出

当前，在国际政治与经济形势严峻的环境中，在人民日益增长的物质文化需要与供给的矛盾里，碳达峰与碳中和不仅是缓解全球生态危机的必经之路，更加成为推动经济增长变革、社会稳定发展及生活方式转变的原动力。在目标倒逼下，各行各业的绿色发展迎来了压力、机遇与挑战。

习近平总书记在中共中央政治局第二十九次集体学习时指出："要坚持不懈推动绿色低碳发展，建立健全绿色低碳循环发展经济体系，促进经济社会发展全面绿色转型。""十四五"时期是碳达峰的关键期，也是绿色消费行为和绿色生活方式培育的窗口期。推动绿色消费升级，以绿色消费引领碳达峰行动已成为新时代推动经济社会全面绿色转型的重要战略任务。习近平总书记强调："要增强全民节约意识、环保意识、生态意识，倡导简约适度、绿色低碳的生活方式，把建设美丽中国转化为全体人民自觉行动。"在我国"十四五"规划和2035年远景目标纲要中也将"推动绿色发展""建设美丽中国"作为明确要求，党对生态文明建设规律的认识进一步深化。

"双碳"即碳达峰与碳中和。碳达峰指二氧化碳排放量在某年达到峰值，随后持续下降的过程。既要保证达峰时间和峰值，又要保证各行业与各区域均实现达峰。碳中和指直接或间接产生的温室气体排放通过植树造林、节能减排、二氧化碳捕捉与封存等形式抵消，最终实现"零排放"。碳达峰是碳中和的基础和近期目标，碳中和是碳达峰的紧约束和远期目标。自习近平主席在第七十五届联合国大会上宣布我国二氧化碳排放力争于2030年前达到峰值，并努力于2060年前实现碳中和后，碳达峰、碳中和逐渐成为社会各界关注的热点。截至2023年12月31日，中共中央、国务院、国家发展和改革委员会、生态环境部、工业和信息化部及其他各部委机构颁布的国家层面"双碳"政策已超百项，包括《中共中央、国务院关于完整准确全面贯彻新发展理念做好碳达峰碳中和工作的意见》《国务院关于印发2030年前碳达峰行动方案的通知》（国发〔2021〕23号）、《国家发展改革委、国家能源局关于印发〈"十四五"现代能源体系规划〉的通知》（发改能源〔2022〕210号）等文件。各地方政府也都出台了相应规范性文件。2023年1月，国务院新闻办公室发布《新时代的中国绿色发展》白皮书，明确提出新时代十年，中国将积极调整产业结构、能源结构、交通运输结构，推行绿色低碳生产生活方式，超额完成到2020年碳排放强度比2005年下降40%～45%的目标。同年，针对航空、船舶制造业、通信行业、炼油行业的绿色发展出台了相关政策。

相关政策精神解读，具体内容详见表3-1。

表3-1 国家层面"双碳"政策精神

时间	主要政策精神
2015年	党的十八届五中全会积极倡导绿色消费，倡导低生活方式
2016年	国家发改委等十部门出台了《关于促进绿色消费的指导意见》，对绿色产品消费、绿色服务供给、金融扶持等进行了部署
2017年	党的十九大报告提出，加快建立绿色生产和消费的法律制度和政策导向，建立健全绿色低碳发展的经济体系
2018年	《中华人民共和国环境保护税法》等对绿色消费的过程及消费吉消费后的资源回收，循环利用和废弃物处理等进行了规定
2020年	《关于加快建立绿色生产和消费法规政策体系的意见》指出要扩大绿色产品消费，建立完善绿色产品推广机制等
2021年	"十四五"中绿色消费的重点领域在推行绿色饮食、绿色建筑、绿色出行、绿色家用、绿色穿衣、绿色旅行等
2022年	国家发改委等七部门出台《促进绿色消费实施方案》，系统设计了促进绿色消费的制度政策体系，明确提出了绿色消费积分制度
2023年	国务院新闻办公室发布《新时代的中国绿色发展》白皮书，持续开展绿色制造体系建设，逐步完善绿色发展体制机制

（二）"双碳"政策对服装绿色消费的启示

1.绿色消费兴起

随着人民生活水平的日益提高，消费升级逐渐加快，消费者需求发生转变，消费品质逐渐提高、消费形态逐渐更新、消费方式逐渐增加、消费行为逐渐改变，开始注重产品背后的文化内涵和象征价值，消费向个性化、差别化发展。此外，值得关注的是，环境污染、精神生态危机等问题使社会各界开始反思消费主义的生活方式。

消费作为拉动国民经济增长的"三驾马车"之一，在推动社会经济发展方面发挥着举足轻重的作用。绿色消费作为消费的重要部分，作为可持续发展的重要内容，是供给侧结构性改革的内生动力。绿色消费不仅指绿色物质消费、绿色生态消费，还包括绿色精神消费。大力推动绿色消费，一方面为改善生态环境、解决生态危机、实现"双碳"目标提供了有效的实施途径，另一方面有利于转变发展方式与生活方式，满足消费升级带来的消费需求转变。探究绿色消费的影响因素，分析绿色消费的影响路径，能够帮助我们更有针对性地采取相应措施，助推绿色生活方式和绿色经济增长。

2.服装绿色消费潜力巨大

从供给侧生产者角度来说，纺织服装行业已是仅次于石油业的第二大污染行业。如何减少其对环境的负面影响，实现绿色发展，助力碳达峰、碳中和目标的实现也成为激励纺织服装行业加快自我调整的外部动力。当前我国纺织服装行业正处于发展转型的关键时期，世界经济不稳定、不确定因素较多，我国恰逢经济增速换挡、调整结构、政策转型，使得升级优化产业结构成为我国纺织服装行业的不二选择，"科技""时尚""绿色"应势成为我国纺织服装行业新的定位与标签。在此基础上，如何通过绿色设计、绿色生产、绿色消费共同构建对生态友好的可持续时尚，成为未来时尚产业发展的重要方向。

从需求侧消费者角度来说，根据国家统计局数据，自"十三五"以来，我国居民人均衣着消费支出呈逐年上升趋势，2020年受客观因素影响有所下降，但2021年又有所回升，全国居民人均衣着消费支出1419元，增长14.6%，占人均消费支出的比重为5.9%，表明服装消费需求仍然保持旺盛。2022年，全国居民人均衣着消费支出1365元，下降3.8%，占人均消费支出的比重为5.6%。2023年，全国居民人均衣着消费支出1479元，增长8.4%，占人均消费支出的比重为5.5%。此外，尽管我国居民人均衣着消费支出占我国居民人均消费支出的比重呈逐年下降趋势，但是比重一直稳定在5%~6%，可见服装消费在我国居民消费中仍然占据重要地位。

随着放慢节奏、追求品质、倡导绿色的理念不断渗入消费者对时尚的理解与认知当中，推行服装领域的绿色发展与绿色消费正当时。在此背景下，了解当前的服装绿色消费现状，挖掘需求、探索影响因素，对促进服装绿色消费具有重要意义。

二、绿色消费与服装绿色消费

（一）绿色消费

随着可持续发展战略的深入实施，可持续行为也衍生到了消费领域。1963年，绿色消费概念首次提出，指明消费者具有不可推脱的环保义务。1987年John和Julia在英国出版的《绿色消费者指南》中首次较为系统地论述了绿色消费的概念：消费无污染、不浪费资源且对人和国家无害的产品。联合国环境署1994年发表的《可持续消费的政策因素》报告中提出，可持续消费（绿色消费）是使用最少量的自然资源和有毒物质，减少服务或产品完整生命周期中造成的污染和浪费，从而不危及后代的需求。2015年，联合国可持续发展峰会通过了《2030年可持续发展议程》，并提出：可持续消费和生产指促进资源和能源的高效利用，建造可持续的基础设施，以及让所有人有机会获得基本公共服务、从事绿色和体面的工作并提高生活质量。

国内绿色消费的理念最早在1993年的中国环境标志计划中提出。2016年，国家发改委等十部委发布《关于促进绿色消费的指导意见》，明确绿色消费是"以节约资源和保护环境为特征的消费行为"。

而在学术界，国内外学者尚未对绿色消费的定义形成统一意见。Pieters 和R.G.M.（1991）、Carlson（1993）认为绿色消费体现在消费者购买、使用及废弃产品时会考虑对环境造成的有害影响，从而选择购买满足环保标准或符合绿色特征的产品服务。舒远招、杨月如（2001）、徐和清（2001）和熊汉富（2002）强调绿色消费是以自然与人类和谐发展为目标的，对双方都有利。Connolly J.、Prothero A.（2008）和Caroline Moraes、Marylyn Carrigan（2012）认为绿色消费是一种环境友好型消费。赵志耕（2010）认为绿色消费在于减少资源的消耗、维护生态与生物的健康。白光林（2012）指出绿色消费的指标由绿色消费认知、绿色消费态度和绿色消费行为三个因素构成，并且三个指标相互影响。劳可夫（2013）等学者则认为绿色消费是指消费者在产品的购买、使用和处置全过程中，努力减少资源浪费，降低环境污染，从而使其消费对环境产生的危害最小化的消费行为。文启湘、文晖（2017）表示绿色消费是环保理念下的一种新型消费模式，反映了经济增长与生态环境之间的协调关系。Yan L（2019）等学者认为绿色消费是消费者会选择和偏爱绿色产品。本书梳理了绿色消费的概念，具体内容详见表3-2。

表3-2　绿色消费概念的相关文献

学者	时间	观点	文献名称
John 和 Julia	1987年	绿色消费即为避免消费具有危害自身或他人健康、在制造使用或处理时消耗能源过多或造成环境污染等性质产品的行为	*Green Consumer Guide*
Pieters 和 R.G.M.	1991年	绿色消费是满足人类需求或需求的、对自然环境的影响最小的消费活动	*Changing garbage disposal patterns of consumers: Motivation, ability and performance*
Carlson	1993年	购买满足环保标准或符合绿色特征的产品服务的购买活动	*A Content Analysis of Environmental Advertising Claims: A Matrix Method Approach*
舒远招和杨月如	2001年	将绿色消费定义为以自然与人类和谐发展为信念，充分考虑到人类的整体利益与长远利益，在产品生产的各环节，注意防止环境污染，并保护生态环境，关注人与自然和谐发展的可持续性	《绿色消费的哲学意蕴》
徐和清	2001年	绿色消费是通过绿色产品和服务使人们身心健康，使生态环境保持平衡	《发展绿色消费》
熊汉富	2002年	绿色消费是在人与自然和谐统一中实现全面、持续与最大化满足的全新的消费方式	《绿色消费应当作全新的消费方式来把握》
Connolly J. 和 Prothero A.	2008年	绿色消费是自愿参与环境友好型消费者行为	*Green Consumption: Life-politics, risk and contradictions*
Peattie K.	2010年	在可持续发展的框架内，人们在满足自我需要和保护环境之间维持有机平衡，实现人与自然的和谐相处	*Green consumption: behavior and norols*

续表

学者	时间	观点	文献名称
赵志耘	2010年	绿色消费是各种形式消费活动的总称，其主要目的在于减少资源的消耗和维护生态与生物的健康，并不断推动生产主体的科技研发与环保发展	《大学生绿色消费模式研究——观念与行动》
Caroline Moraes 和 Marylyn Carrigan	2012年	绿色消费是一种环境友好型消费	*The Coherence of Inconsistencies: Attitude—Behaviour Gaps and New Consumption Communities*
白光林	2012年	绿色消费的指标由绿色消费认知、绿色消费态度和绿色消费行为三个因素构成	《绿色消费认知、态度、行为及其相互影响》
劳可夫	2013年	绿色消费是指消费者在产品的购买、使用和处置全过程中，努力减少资源浪费，降低环境污染，从而使其消费对环境产生的危害最小化的消费行为	《消费者创新性对绿色消费行为的影响机制研究》
文启湘和文晖	2017年	绿色消费是在绿色发展理念支配下的一种新型消费模式，它反映了经济增长与生态环境之间的协调关系	《加快发展绿色消费——再论推进消费转型升级》
Yan L，Keh H T 和 Wang X.	2019年	绿色消费是消费者会选择和偏爱绿色产品	*Powering Sustainable Consumption: The R8oles of Green Consumption Values and Power Distance Belief*
丁志华	2023年	绿色消费理念提出消费者应具有环保义务，不主张消费在生产、使用和处理环节中对环境造成负面影响的产品，呼吁个人进行既满足需求又避免破坏自然环境的消费活动	《绿色消费的实践发展和演变机制》

通过梳理可知，绿色消费绝不仅仅体现为购买行为，同样体现在消费者的消费理念、消费态度与整个消费过程中，其本质特征如图3-1所示。绿色消费是一种环保型的消费模式，是指通过鼓励消费者购买更加安全清洁的产品，实现资源的节约和环境的改善，兼顾经济数量增长和质量的发展。

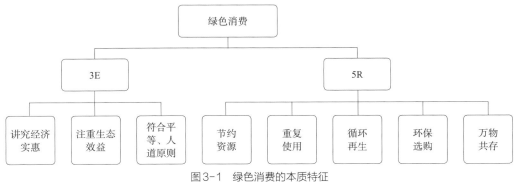

图3-1　绿色消费的本质特征

（二）绿色服装

绿色服装又称"环保服装"或"低碳服装"。目前对绿色服装尚无明确的定义，概括地说它有利于人体健康，具有生产过程中对环境污染小、日常穿着过程中对人体安全无害、废弃后可进行回收或再生处理等特点。市场上常见的绿色服装面料有：有机棉（Organic cotton）、彩棉、有机羊毛、Eco-circle面料（利用旧衣物、可乐瓶等物品加工成的可持续再生面料）等。本书梳理了绿色服装的概念，具体内容详见表3-3。

范福军指出，"绿色纺织服装"是在纺织服装从产品设计、材料选用、生产加工、产品包装到消费使用的全过程中制订相关标准，以保证该产品有利于消费者身心健康、有利于自然生态正常发展、有利于人类生存环境保护。祖倚丹、冯爱芬认为绿色纺织服装产品就是在其从生产、使用到最终废弃的生命周期全过程中，对生态环境和人类生存无害或危害极小，资源利用率高而能源消耗低的纺织服装产品。Joergens C.指出绿色服装是通过使用可降解材料或再生材料等，利用对环境负责任的生产流程（如采用天然染料染色），进而创造一种无污染、有利于人体健康的生态环境。Goworek J.等认为绿色服装是"在环境可持续性方面满足一项或多项条件的服装，比如面料含有有机种植原料"。张倩认为绿色服装利于人体健康，具有生产过程中对环境污染小、日常穿着过程中对人体安全无害、废弃后可进行回收或再生处理等特点。钟娜娜表示绿色服装具有保护人的身体健康，使其免受伤害，具有无毒、安全的优点，并且对周围环境不造成污染的纺织品。人们在使用和穿着时，给人以舒适、松弛、回归自然、消除疲劳、心情舒畅的感觉。胡梦露和黄健东认为服装的绿色化要求服装自然环保，又要具备美学价值，同时还要健康舒适。柳文海认为绿色服装也可称为生态服装，但需经过生态纺织品鉴定。

表3-3 绿色服装概念的相关文献

学者	时间	观点
范福军	2002年	"绿色纺织服装"是对纺织服装从产品设计、材料选用、生产加工、产品包装到消费使用的全过程中制定相关标准保证服装有利于身心健康和环境保护
祖倚丹和冯爱芬	2004年	绿色纺织服装产品就是在其从生产、使用到最终废弃的生命周期全过程中，对生态环境和人类生存无害或危害极小，资源利用率高而能源消耗低的纺织服装产品
Joergens C.	2006年	绿色服装是通过使用可降解材料或再生材料等，利用对环境负责任的生产流程（如采用天然染料染色），进而创造一种无污染、有利于人体健康的生态环境
Goworek J.	2012年	绿色服装是"在环境可持续性方面满足一项或多项条件的服装，比如面料含有有机种植原料"
张倩	2013年	绿色服装利于人体健康，具有生产过程中对环境污染小、日常穿着过程中对人体安全无害、废弃后可进行回收或再生处理等特点

续表

学者	时间	观点
钟娜娜	2014年	绿色服装具有保护人的身体健康，使其免受伤害，具有无毒、安全的优点，并且对周围环境不造成污染的纺织品，人们在使用和穿着时，给人以舒适、松弛、回归自然、消除疲劳、心情舒畅的感觉
胡梦露	2017年	服装的绿色化要求服装自然环保，又要具备美学价值，同时还要贴合人类穿着需求——健康舒适
黄建东	2018年	绿色服装设计具备精神和物质两个方面，绿色设计的核心不仅要注重审美、时尚等元素，还融入健康、自然等元素，一切设计还要以环境为核心，尽量减少和避免对生态环境的影响
柳文海	2019年	绿色服装是指经过生态纺织品鉴定的，又称为环保服装、生态服装，其设计目标是以服装自身安全、无毒的优势，保障人们的健康生活，使人们免受服装危害，营造一种轻松、舒适的氛围

（三）服装绿色消费

针对服装绿色消费，目前没有统一明确的概念界定，学者们从不同的角度挖掘其内涵。Birtwistle 和 Moore（2007 年）对英国消费者和生产商做的一项研究表明，越来越多的人开始意识到服装的生产及消费会对生态环境造成负面影响，这使得纺织服装业的绿色消费趋势日益盛行。和嘉伟（2019 年）认为服装可持续消费行为受到可持续消费观的影响，可持续消费观不仅影响着消费者对服装产品的选择和废旧纺织品的处理方式，同时还会影响到服装品牌以及上游供应链对可循环、绿色、低能耗产品的开发和技术创新，带动纺织产品生产商生产和创造更多的符合可持续理念的产品。梁建芳（2020 年）将服装可持续消费行为划分为购买、使用、处理和废弃三个阶段：第一个阶段主要包括环保服装的购买、减少服装购买量或购买二手服装；第二个阶段主要指服装租赁、分享、出借等可以延长服装生命周期的协作消费；第三个阶段主要指消费者合理处置服装的行为，比如参与回收或重新利用等。

基于上述文献的梳理，本书将服装绿色消费界定为：人们在信息获取、实际购买、穿着使用、维护保养，直至再循环使用和最终废物处置这一完整服装消费过程中表现出来的可持续性状态。

三、服装绿色消费认知、态度与行为

（一）消费者对服装绿色消费认知的理解

1.绿色消费认知

认知是指认识和感知，其过程既是指人通过心理活动（如形成、感知、判断或想象）获取知识，又指人认识外界事物的过程，它反映了客观事物特性及其关系的心理过程。

绿色消费认知是一个心理过程，这是一种基于环境认知自觉地保护消费环境的有意识的行为。目前，虽然学者们在国内外都没有明确地界定绿色消费的看法，但现有部分研究对绿色消费认知做出了定义。具体内容详见表3-4。

表3-4　有关绿色消费认知的定义

提出时间	学者	媒介	目的
2006年	颜弘	心理	通过多种途径获取相关产品知识，由心理刺激产生对产品的认知的整个过程
2009年	于伟	环境意识、环境知识	通过自身的内在警觉以达到对资源环境问题和解决方案的系统认知
2013年	陈凯	环境问题、产品信息	了解绿色消费观念包括环保知识、环保意识和对环保问题的看法
2014年	李勇	促销入手点	关心产品制造商的环境行为和他们对绿色环保产品的理解
2015年	曾慧娟	资源环境问题	通过学习绿色产品的知识，探索在消费过程中的环境责任心理过程

近50年来，在相关绿色产品的相关研究中，国外有不少学者关于消费者的绿色认知有了自己的见解。其代表性内容详见表3-5。

表3-5　有关消费者绿色认知的研究

研究时间	学者	消费认知
1970年	Nelson	消费者可能无法找出购买后的产品是否具有绿色特性
1986年	Hines	对环保知识了解的多少能体现出消费者绿色认知程度的高低
2002年	Giannakas	消费者只有被提示或者被告知之后才会了解产品的属性
2002年	Demeritt	消费者对于绿色产品的购买行为取决于消费者对绿色产品的了解程度

而影响消费者对于绿色服装购买的因素主要可从内在因素和外在因素两个层面进行分析。具体内容如图3-2所示。

2.消费者对绿色服装特点的认知与对绿色服装的态度

认知和了解产品影响消费者的决策，消费者对绿色服装特点的看法会对消费者态度产生显著的影响。

消费者对绿色服装的态度取决于消费者对绿色服装特性的理解和认识。绿色服装的主要特点如下：

①"绿色"服装设计，采用简约设计或旧衣改良。

②制造过程中采用绿色纤维（即无污染、无需染色或是种植过程中无污染的天然纤维），或是无污染的再生纤维。

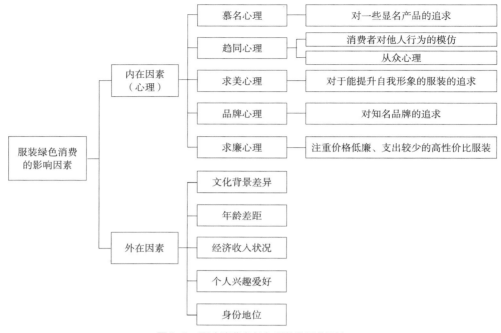

图3-2　影响消费者绿色服装购买的因素

③使用无毒并且可以回收的纺丝溶剂，或可降解的纤维，也可以是可回收利用的合成纤维。

④符合"绿色"生产环境。

⑤绿色染整，即采用天然的染料，且生产过程中减少废水、废弃物的排放。

⑥"绿色"包装，在销售过程中采用易处理、可降解、可回收再利用的绿色包装。

（二）消费者对服装绿色消费态度的理解

1.消费者态度的含义、构成和功能

态度是人们在自身道德观和价值观基础上对事物的评价和行为倾向，这一词汇大多运用在心理学领域。20世纪以来，很多学者从不同方面对"态度"一词进行了分析，并对其概念进行了相关界定。其具有代表性的定义详见表3-6。

表3-6　有关态度的定义

提出时间	学者姓名	定义
1931年	Thurstone	态度是人们对待心理客体的一种肯定或是消极的情感
1935年	G. Allport	态度是精神和神经准备状态，它是通过经验组织影响个体对情况的反应
1948年	Krech	态度是激励过程、情感过程，并在人们所生活世界的某些现象的个人知觉过程的持久组织

提出时间	学者姓名	定义
1958年	English	态度是一个人通过同一种方式对特定的客体所具有的习惯性倾向
1984年	Freedman	态度是一个人的心理倾向要稳定到一个特定的事物、概念或其他人，态度包括三个部分：认知，情感和行为取向

目前，学者们对消费者态度构成的理解概括为两个观点，主流观点是认为消费者态度的构成元素包括认知、情感和行为三个方面。具体内容详见表3-7。

表3-7　消费者态度的构成

分类	组成元素	具体表现
一元论	情感	对客体对象的喜恶程度
三元论	个体想法（认知）	对客体对象了解到的事实、掌握的知识及持有的信念
	个体情感、情绪（情感）	对客体对象的喜欢或不喜欢
	个体行为倾向（行为）	对客体对象产生行为上的精神冲动或购买意向

而对于态度的功能性，大概可以从四个层面加以分析：

①适应功能：形成于适应环境的人的态度，形成后才能更好地适应环境，且对不同的人有不同的态度。

②自我防御功能：态度往往能反映一个人的个性，可以用来自我保护，自我防御机制可以维持心理平衡。

③价值表现功能：在许多情况下，态度往往代表着一个人的首要价值和自我概念。

④认识或理解功能：一种态度能给人提供构建事实的参照框架，并且该框架将是后续响应的参考标准。

本书认为，消费者自身或通过外界属性所产生的对环境资源保护、绿色产品、绿色消费的认知程度决定其对绿色产品及消费的态度，而消费者的绿色消费行为（即绿色购买行为）又取决于消费者对绿色消费的态度（主要指对绿色产品的态度、环境资源保护），详见图3-3。

2.服装绿色消费态度

态度主要反应在人们对绿色消费的了解程度以及表现出来的情感态度和意向。影响消费者购买绿色服装的因素主要可从内在因素和外在因素两个层面进行分析。具体内容如图3-4所示。

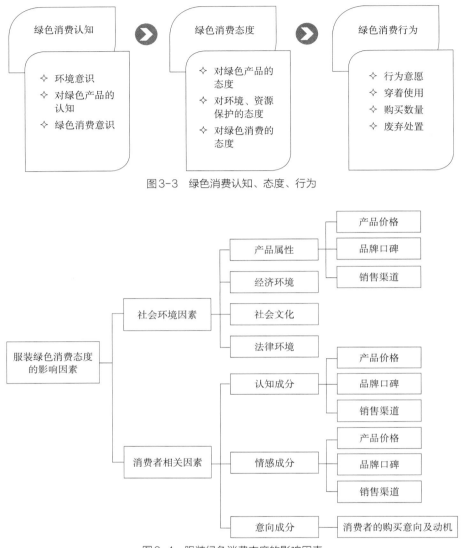

图3-3　绿色消费认知、态度、行为

图3-4　服装绿色消费态度的影响因素

（三）消费者的服装绿色消费行为

1.服装绿色消费行为

消费者行为，即消费者的购买行为，是指消费者在购买产品或服务时的行为，用以满足个人或家庭的需求。

消费者购买纺织服装的行为，其受到很多内外部因素的影响而变得复杂多样。不同的消费者在需求、偏好以及纺织服装的选择方式等方面各不相同。即使是同一消费者，在不同时期、不同背景条件下，其购买行为也有很大差异。

服装绿色消费行为，即是消费者在对绿色服装认知之后，产生了绿色服装购买意愿，而之后自我感知产生对绿色服装的不同的了解及接受程度，最终达成购买行为。这个过程被称为服装的绿色消费行为。

2.服装绿色消费行为模式

人的消费行为可从不同的理论模型进行分析，而在这些理论模型中，较为著名的大概可以分为N模式、HS模式、EKB模式、A模式和S—R五种模式，其主要是将人们的消费行为分为了四个阶段，内容见表3-8。

表3-8　消费行为模式

序号	模式	消费者决策四阶段			
		一	二	三	四
1	N	产品信息、消费者态度	消费者对产品调查即评价	消费者购买决策及行为	消费结果反馈
2	HS	购买动机	消费者对所需品的评价、购买行为	使用产品之后形成的认知态度	品牌认知反馈
3	EKB	收集外界信息	外界信息理解、购买决策	信息反应、购买行为	购买结果及满意度评价
4	A	收集外界环境信息	根据认知进行信息再加工	购买意愿、购买行为	购后满意度
5	S—R	外界刺激	购买动机、购买决策	购买行为	购后评价

如表3-8所示，还有一种被称为无决定购买行为模式。该模型假设许多消费者不具备信息的收集和替代品的评估，他们在产生购买行为之前，不具备产品认知，因此不产生购买决策。

综上所示，以上的模式适用于消费者对于任何类别产品所产生的消费行为，因而对于绿色服装的消费行为也同样适用。但由于服装的消费行为与其他消费具有相对的独特性，这些模式在服装消费方面应用会具有一定缺陷，针对性不强。因此，对服装的绿色消费行为，要构建其独特的行为模式。

服装绿色消费行为模式是在S—R模式与无决策购买模式的基础上，从服装绿色消费市场和消费者的内在特点出发，从消费者产生决策的整个过程直至产生最终的消费行为而构成的模式，如图3-5所示。

由图3-5所示的服装绿色消费模式图可以看出服装绿色消费行为具有的主要内容和特点如下：

该模型中，建立理性消费和非理性消费服装的绿色消费行为并存，这取决于消费者对环境的内在因素和消费环境的影响程度。并且，这些因素也在一定程度上影响了消费者的购买动机，使消费者产生购买欲望。

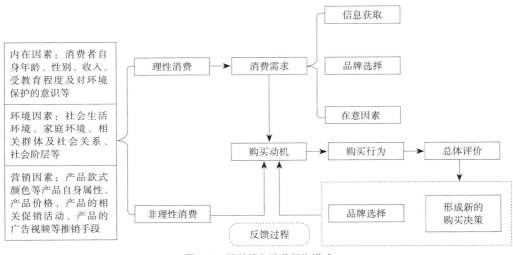

图3-5　服装绿色消费行为模式

理性消费者产生购买需求之后，他们会考虑自身购买服装的需求因素，并结合收集到的服装的属性和市场等相关信息，来选择产品的品牌。

购买需求因素包括服装款式、颜色、自身健康等方面；信息收集途径包括人与人之间的口头传播方式、媒体广告、促销活动等；收集的相关信息则包括预购服装的功能性（如孕妇穿着的防电辐射服起到屏蔽电磁波辐射的作用；潜水服主要是保护身体和防止水分流失太快、损失体温、伤害身体；绿色服装不仅对消费者的身体无害，而且在生产过程中对环境没有污染，节约自然资源等）；市场分析（主要指服装品牌及产品的知名度、用户使用过后的评价及产品价格等）。

当理性消费者对预购服装或品牌的深入了解程度越高，重视程度会越高，则最终产生购买动机的概率就会越大；而非理性消费者是非计划性购买，其忽略了信息收集、服装需求分析及品牌选择等过程，由自身意愿直接产生购买动机。

在购买行为的阶段，消费者不一定按照先前制订的绿色服装购买计划实施购买行为。在这个过程中，消费者意愿将成为改变消费者购买行为的调控因子。在这一过程中，消费者的情绪则会成为改变消费者购买行为的调节性因素。其主要表现为消费者对购物环境、服务水平的感知等营销环境及对该产品接触后的真实心理评价。

消费者总结评价主要指绿色消费者对绿色服装的认知、购买过程及购买后进行评价。对绿色服装的认知主要是指消费者对环境保护的意识及自身对绿色服装的了解及接受程度，这决定了消费者是否会选择绿色服装；购买过程评价主要指消费者在购买绿色服装过程中对购物环境、服务水平等方面的感知程度，这决定了消费者是否会产生新的购买决策；而购买后评价则是指消费者对所购绿色服装的认知即对购买服装的品质、品牌、价格等因素的评价，这体现了消费者对所购绿色服装的满意程度，决定了消费者对的绿色服装消费倾向是否会发生转变。这一过程将会成为消费者未来消费行为的导向，同时还会对他人产生一定的影响。

3.消费者绿色环保态度与绿色消费行为的关系

对生态环境的影响是消费者在进行购买决策的重要因素，因而消费者的环保意识对消费者态度具有显著的影响。国内外学者在绿色消费领域，验证了消费者绿色环保态度对绿色消费行为的影响，见表3-9。

表3-9　环境态度与绿色消费行为的关系

学者	媒介	结论	关系
汉斯	一般环境态度、具体态度	两种态度和行为都相关，但具体环境态度更具预测效力	相关
巴尼特	一般绿色购买、具体行为	一般环保态度限制了预测能力和绿色采购行为	相关
巴尔德亚恩	生态意识、态度	积极的生态意识导致购买和使用绿色产品	相关
伯格和科宾	环境态度、行为	环境态度与环境行为关系不大	不相关
晏涵文	环保意识	只有少数人具有积极的环保态度并采取行动	不相关

四、典型国家与地区服装绿色消费现状分析

（一）外国服装绿色消费实践及现状特征

1.日本

日本能源、资源极度紧缺，一直都非常注重节能。多年来，日本凭借先进的节能理念带动技术研发和政策调整，成为全球能源效率最高的国家之一。日本自20世纪70年代以来就开始了节能事业，节能环保成绩斐然，在服装绿色消费方面也成了标杆国家。

（1）以环保政策为主导

日本是较早关注环境问题并进行环保政策研究的国家，也是有关环境保护等方面的法规较为健全的国家。在发展循环经济、构建环保和可持续发展社会的过程中，日本出台了诸多的相关法律，如《环境基本法》《水污染防治法》《建立循环型社会基本法》《绿色采购法》等。

1998年修订的《水污染防治法》规定："为了保护公共卫生水域的水体，任何人都要通过提高对烹饪废渣、废食用油的处理和洗涤剂污染环境的意识，同时应协助国家或地方公共团体实施生活污水对策。"

2000年实施的《建立循环型社会基本法》第4条（合理分担责任）规定："为了建立循环型社会，必须使国家、地方政府、企业和公众在合理承担各自责任的前提下采取必要的措施，并使其公平合理地负担采取措施所需的费用。"

2001年修订的《废弃物处理法》在第2条第3款规定了国民的废弃物处理义务，即"国民应通过控制废弃物的排放、使用再生品等谋求废弃物的再生利用，同时必须通过将废弃物分类排放，尽量自己处理产生的废弃物等，协调国家以及地方公共团体有关废弃物减量及其他废弃物妥善处理政策措施的实施。"

以上与环保相关的法律条文为日本的绿色发展奠定了法律基础，推动日本逐渐走向环保型社会，并且在这些环保立法的保证下，日本的绿色循环经济模式逐渐形成。

（2）以绿色循环经济模式为核心

①科技优势促进了生态设计在日本的普及。目前，日本国内普遍以生命周期评估法作为生态设计的方法，力求使产品在整个生命周期内对环境的消耗和损害最小。1998年，日本政府制定了生命周期评估项目的五年规划，并成功建立了生命周期评估的数据库系统。此外，日本的许多企业和科研院所也在此项目的基础上努力开发和应用新的评估方法。在生态设计的成就方面，日本的环保节能车技术处于世界领先地位，并通过再生水处理技术的开发设计实现了水资源的循环利用，还通过运用将厨余垃圾分解制成肥料的技术，实现了废弃资源的有效利用。

②地区经济绿色化在建设循环型社会中的意义重大。建设循环型社会的一切规划和措施最终都必须落实到每个地区。地区经济绿色化在日本建设循环型社会中的作用主要有以下几个方面：发展地区内的物质循环，即通过从原材料开采、生产、流通、消费、废弃直至再利用的物质循环过程，提高资源的生产效率，减少物质整个寿命周期的环境负荷，从而以尽可能少的资源消耗和环境负荷，实现预期的社会福利；保护和创造地区优美的自然环境；推动农业、林业的可持续发展等。

（3）较强绿色环保意识带动消费行为绿色化

地区居民的环境意识和消费行为的绿色化发展是日本循环经济的另一重要推动力量。进入环境问题全球化时期以后，随着日本环境状况的变化，居民自主环保行动的重点开始从反公害转向保护自然环境和推动地区经济绿色化。例如，在日本经济高速增长时期曾因水银污染而发生过严重公害疾病水俣病的水俣市，目前正在当地市民的主导下，开展资源垃圾彻底回收利用运动。由于垃圾分类很细，必须有专人指导和管理。为此，每个垃圾回收站都设有由当地居民选出的管理人员"再利用推进员"和"再利用值班员"从事此项工作。当地的中学生也自发地组织起来，利用课余时间到居民区指导垃圾分类，帮助老人运送垃圾。

（4）循环利用成纺织工业的新时尚

每年日本大约有200万吨用过的纺织商品被家庭和工厂当成垃圾丢弃，其中服装大约为26万吨，占总量的13%，这些废弃商品被循环利用。回收上来的纺织品或者再出口，作为二手服装出口到亚洲市场；或者剪成小块，当成工厂的抹布使用；或者做成毡制品和手套。大约有70个公司利用二手服装的材料来生产制服、运动服和包类。Patagonia公司收集旧内衣制造功能材料，利用这些功能材料制造部分新的物品。帝人纤维有限公司利用可循环的材料制造聚酯纺织品，利用化学分解聚酯纤维系统分解二手服装，将它们转变成为新纤维。

2.北欧

北欧是政治地理名词，特指北欧理事会的五个主权国家：瑞典、挪威、芬兰、丹麦、冰岛。北欧国家是绿色发展的典范，在实践中提倡绿色生产方式、构建绿色产业结构、支持绿色企业发展、培养绿色消费习惯。北欧地区绿色经济发展的经验已成为全球绿色发展的典范，2011年达沃斯世界经济论坛，更是将"学习北欧经验"（Nordic experience）作为主题之一。

（1）低碳政策体系成熟

①实行节能减排税收政策。税收是实现节能减排的有效方法，主要的节能减排税种包括能源税、二氧化碳税（以下简称"碳税"）、二氧化硫税等，其目的在于提高能源，特别是化石能源的使用成本，以及有害气体和固体的排放成本，将其外部成本内部化，即节能减排税具有节能效应以及能源替代效应。

②建立排放交易体系。丹麦是世界上第一个实行碳排放交易的国家。为了实现《京都议定书》中规定的减排承诺，欧盟颁布了排放交易指令，在丹麦等国的实践基础上，欧盟全体（包括北欧四国）从2005年开始分阶段逐步实施二氧化碳排放权交易制度，建立了统一的欧盟排放交易体系。欧盟排放交易体系的实施可以看作欧盟气候政策的里程碑，是全世界第一个跨国温室气体排放交易机制，也是欧盟统一市场型环境政策的首次尝试（Tema Nord，2006），对北欧各国政策的制定生了巨大的影响。

③创新环境政策，形成多元化的政策体系。除税收、补贴和排放交易机制外，其他市场类的低碳政策工具主要包括绿色证书、环境信息支持、绿色公共购买（GPP）以及生态系统服务支付（PES）。北欧四国中仅有瑞典早在2003年开始实行绿色证书体系，其作用是确保电力生产商的可再生能源发电量占总发电量的比例达到一定的最低要求。瑞典尤其重视创新绿色公共购买（IGPP）及技术购买，截至2008年已实施了超过100项技术购买项目。

（2）绿色发展模式已然形成

发展绿色、低碳、循环生产，实现生产环节与生态协调发展是北欧国家实践绿色发展的主要形式。从20世纪70年代开始，瑞典有害气体排放量已下降40%，而GDP却增长了105%；丹麦在实现经济增长的同时，能源消耗却维持不变，二氧化碳排放量逐步下降。这些实践表明，通过发展绿色生产实现生态与生产双赢。

优化产业结构、发展绿色产业，是北欧国家实践绿色发展的重要形式，为北欧各国绿色发展奠定了产业基础。目前，北欧各国形成有利于绿色发展的产业结构，第一产业比重最小，第二产业比重不断下降，第三产业比重最大，且产业结构具有很强的自我调整能力。

绿色企业主要指在节约资源和保护环境基础上实现可持续发展的企业，北欧国家非常重视支持绿色企业发展。以斯道拉恩索集团的造纸厂为例，集团通过企业创新环保技术、加大环保投资、加强环境监控等措施，成功实现了企业的绿色发展。

（3）绿色消费意识与消费行为引领时尚

在服饰消费方面，北欧人的服饰消费追求简约环保，多选择环保服装，并会主动缴纳服装排碳税。逛二手店是瑞典人的生活方式，瑞典有遍布全城的二手市集。每年大概除了最冷的1月和2月，全城的各个地方都有二手集市（Loppis），市民可通过租赁铺位售卖自己多余的用品。某些地方还有换衣服的活动，上午把衣服捐了得到一个票（外套、裤子等），下午可以凭票去换一件同类的衣物。除了二手市集，还有很多二手商店，有些社区中心也有捐衣物的地方。在食品消费方面，北欧人追求健康和自然，习惯吃天然、简单的食物，实行"食物负责制"，餐桌浪费现象较为少见。在住房消费方面，北欧人更加关注房屋是否采用绿色建材，是否具有良好的通风条件及人、房屋与自然是否良性循环。在交通消费方面，北欧人偏好乘坐公共交通或骑自行车出行。

北欧对待物品购买、使用、丢弃这三个生命周期环节的态度值得借鉴：源头上对购买一件物品持谨慎态度，使用过程中定期保养维护延长使用寿命，丢弃时重新回收利用避免资源浪费。

3. 英国

英国在环保和可持续等方面做出的努力已经有了百年的历史。英国是世界上第一个工业化的国家，也导致了维多利亚时代英国的城市环境污染严重，人们开始对居住环境提出了要求。这就使英国成为世界低碳经济的先行者和倡导者，在大力发展新能源、引导民众低碳生活方式转变和推广低碳经济模式上一直处于领先地位。

（1）环保体系较为完善

英国在1987年出版了《绿色消费指南》，并指出绿色消费并非"消费绿色"。如果你以为绿色消费就是吃天然食品、穿天然原料的服装、用天然材料装饰房间、到原始森林旅游等，这实际是进入了误区，甚至可能导致另一种形式的过度消费。绿色消费必须以保护"绿色"为出发点，以不损害未来的消费为原则，以实现可持续消费。

英国的绿色建筑评估体系不仅影响了英国，更是影响了全世界的建筑。英国的绿色建筑评估体系诞生于20世纪60—70年代，英国建筑界在能源危机之后，开始普遍关注建筑节能问题，建设了一批低能耗住宅，在设计中研究、运用了一系列被动式太阳能技术。到了20世纪末期，英国建筑研究院于1990年发布世界上首个绿色建筑评价体系BREEAM。自此，英国绿色建筑的发展进入了新阶段。21世纪以来，英国进一步确立了可持续发展战略思想，并制定了世界第一部《气候变化法案》，第一个用法规的形式对节能减排做出了规定。BREEAM 是全球最早的绿色建筑评价体系。该体系从节能性能、运营管理、健康和福利、交通便利性、节水、建材使用、垃圾管理、土地使用和生态环境保护等九个方面进行评分。九类指标得分必须满足 BREEAM 各类指标类别最低分值，之后将九个指标类别的得分与对应的环境权重进行相乘，得到每个类别的分数并汇总，然后再加上创新得分得到评价的最后总分。评价结束后提交完整的评价报告至英国建筑研究组织（BRE）。BRE 视最后总分情况，对照 BREEAM 的评价等级基准值，将达到参评项目评为合格、良好、优良、优秀、杰出，与此对应为一星、二星、三星、四星、五星五个等级，并根据得分等级给参评项目颁发证书。

（2）环保理念深入人心

在英国，中小学校的学生在校期间必须穿着校服。校服的使用场所仅限于学校，而且种类较多，除了正装外，不同的体育项目需要穿戴不同的运动服装。如果校服损坏了或丢失了，不想买新的，就可以去校服商店里买一件旧校服。甚至有时候如果有学生忘记带相关的活动服装了，可以免费借用校服店里寄卖的物品，下课只要能按时归还就行了。校服商店里的旧校服均来自本校的学生。学生穿小了的，或是毕业了用不着的校服，只要没有明显的损坏都可以在校服商店寄卖。旧校服的价格根据衣服的新旧程度来定价，破损严重的衣服直接打包至镇里的回收箱作其他用途。每件旧校服卖出去后，校服的原主人会得到一定比例的报酬，钱会直接打到学生的账户上，有的学生则会选择把卖校服的所得捐给学校的慈善项目。虽然这笔钱不多，但是充分体现了对校服的尊重，而且鼓励了大家对校服的循环利用，具有深刻的环保意义。

（3）服装领域仍然存在环保挑战

由于经济的快速发展，以及人们对物质需求的日益增长，服装产业成为全球第二大污染产业。调查显示，英国人均服装购买量比其他任何欧洲国家都高，但每年有价值 1.4 亿英镑的上百万吨弃置衣服被送往堆填区和焚化炉；与此同时，供应英国服装市场的空运和海运环节造成了大量碳排放。为提高消费者的环保意识，同时加重服装生产商及零售商的环境责任，欧洲认证认可组织（EAC）建议对每件售出商品向零售商征收 1 便士，预计可额外获得 3500 万英镑的资金以改善服装的回收和循环利用。一些英国知名设计师表示："可持续发展对于时尚业来说是一个巨大挑战，任重而道远。"

4.美国

20世纪80年代，第一个美国"绿色"品牌开始出现并在美国市场爆炸。20世纪90年代，绿色产品的增长缓慢而温和。美国对绿色产品的兴趣在21世纪初开始以更快的速度再次增长。

（1）将可持续发展作为发展战略

美国与其他联合国会员国商定，在1992年巴西里约热内卢举行的联合国全球环境首脑会议期间和2002年南非约翰内斯堡举行的可持续发展问题世界首脑会议期间，制定和实施可持续发展国家战略。时任美国总统成立了一个可持续发展问题总统理事会，该理事会在20世纪90年代举行了六年的会议，并制定了一系列报告和建议，以创建一个更可持续的美国。具体举措包括：

①制定绿色产业发展的政策法规，加强法律法规的约束。到2025年将新能源发电占总能源发电的比例提高至25%，实现"美国复兴和再投资计划"。

②增加可再生能源和新能源领域的投资，促进能源产业的发展。按照《美国清洁能源与安全法案》要求，投资1900亿美元用于新能源技术和能源效率技术的研究与开发，推进能源产业技术创新，加大清洁能源研发投入和碳回收技术研发，摆脱对进口石油的过分依赖，发展新能源产业，使清洁能源产业群成为美国经济繁荣的支撑点。

③采取多种财政税收和支出政策发展绿色经济。财政税收政策包括消费税、化学品税、环境税等税种，财政支出政策是扶持绿色经济发展的措施，包括财政投入、发展风险投资等财政补贴政策。先后颁布了《小企业法》《联邦政府采购条例》《武装部队采购条例》《购买美国产品法》等一系列法规法律，规范政府采购，保护本国产业，促进环保产品的发展。

（2）消费者绿色消费意识较强

美国消费者热衷于购买有机布，主要原因有三个：第一个是出于健康影响的考虑；第二个是消费者具有较高的维护环境的道德感；第三个也是最重要的原因，与纺织服装业有关。纺织服装业产生大量污染，消耗大量资源。服装产品的不当使用和处理使问题更加严重。消费者关心这一环境问题，并积极地改变他们的行为，采取慈善或环境友好的行动，以适应他们的财务和可持续性利益。一个直观和可持续的策略是重新使用布料。纺织品回收是一种对生产过程中产生的旧衣物、纤维材料和衣物废料进行再处理的方法，这可以减少制造业污染和资源。

（二）我国服装绿色消费实践及现状特征

1.法律政策体系循序渐进

我国推进绿色消费起步较晚，绿色市场机制尚未发展成熟，但政府正逐步制定促进绿色消费的政策和制度，希望通过不懈的努力推动我国绿色消费的发展和完善。我国政府于1994年审议通过了《中国21世纪议程》，该议程的第七章明确阐述了引导建立可持续消费模式的目标。之后，绿色消费的相关内容逐步在节能环保、循环经济等方面的法律中出现，为我国的绿色发展奠定了法律基础。

（1）关于节能减排的法律法规

2002年《清洁生产促进法》首次颁布，第二条表明"清洁生产"是指从生产的源头，包括使用清洁能源和原料、采用先进工艺和改善管理等方法削减污染。为保障该法的顺利实施，国家环保总局在2003年9月发布了《关于企业环境信息公开的公告》，规定"黑名单"企业必须向社会公开包括企业环境保护方针、污染物排放总量、企业环境污染治理、环保守法、环境管理等五大类共20项环境信息。

2005年修订后的《中华人民共和国固体废物污染环境防治法》将生产者责任延伸制提上了日程。

2007年《节约能源法》修订版通过人大审议，提倡加强用能管理，采取技术上可行、经济上合理以及环境和社会可以承受的措施，从能源生产到消费的各个环节，降低消耗、减少损失和污染物排放、制止浪费，有效、合理地利用能源。

2009年《循环经济促进法》开始实施，循环经济是指在生产、流通和消费等过程中进行的减量化、再利用、资源化活动，以便促进循环经济发展，提高资源利用效率，保护和改善环境，实现可持续发展。

2016年修订的《中华人民共和国固体废物污染环境防治法》第四条和第五条以及2018年施行的《中华人民共和国环境保护税法》等对绿色消费的过程及消费者消费后的资源回收、循环利用和废弃物处理进行了规定。

除了以上法律外，国务院等还颁布了《节能减排全民行动实施方案》《关于限制生产销售使用塑料购物袋的通知》《废弃电子电器产品回收处理管理条例》《关于治理商品过度包装工作的通知》等多项节能减排的行政法规和规范性文件，许多地方政府也积极研究出台促进绿色消费者的地方规章，例如：

2011年山东省响应"十二五"规划颁布《山东省"十二五"节能减排综合性工作实施方案》，要求各部门进一步量化目标，细化措施，明确进度要求，尽快提出具体实施方案。狠抓贯彻落实，坚决防止出现节能减排工作前松后紧、盲目应急的问题，确保实现"十二五"节能减排目标任务。

2013年北京市财政局和发改委等印发《北京市节能减排及环境保护专项资金管理办法》，成立专项资金支持节能与降耗、污染减排与环境治理、生态保护和建设、应对气候变化等节能减排及环境保护领域相关工作。

2021年北京市正式发布《电子信息产品碳足迹核算指南》《企事业单位碳中和实施指南》《大型活动碳中和实施指南》，有助于生产者分析产品制造、使用等主要温室气体排放阶段中各个单元过程的温室气体排放量，推动对温室气体排放量高的单元过程进行优化，进而降低产品碳足迹，推进北京市电子信息制造业绿色低碳发展。

2022年国务院印发《"十四五"节能减排综合工作方案》，指出以习近平新时代中国特色社会主义思想为指导，全面贯彻党的十九大和十九届历次全会精神，深入贯彻习近平生态文明思想，坚持稳中求进工作总基调，立足新发展阶段，完整、准确、全面贯彻新发展理念，构建新发展格局，推动高质量发展，完善实施能源消费强度和总量双控、主要污染物排放总量控制制度，组织实施节能减排重点工程，进一步健全节能减排政策机制，推动能源利用效率大幅提高、主要污染物排放总量持续减少，实现节能降碳减污协同增效、生态环境质量持续改善，确保完成"十四五"节能减排目标，为实现碳达峰、碳中和目标奠定坚实基础。明确到2025年，全国单位国内生产总值能源消耗比2020年下降13.5%，能源消费总量得到合理控制，化学需氧量、氨氮、氮氧化物、挥发性有机物排放总量比2020年分别下降8%、8%、10%以上、10%以上。节能减排政策机制更加健全，重点行业能源利用效率和主要污染物排放控制水平基本达到国际先进水平，经济社会发展绿色转型取得显著成效。

（2）关于绿色采购的法律政策

2014年，商务部、环境保护部、工信部联合发布《企业绿色采购指南（试行）》，指导企业实施绿色采购。该文件建议企业在采购合同中做出绿色约定，避免采购"黑名单"产品，还强调采购商可以通过适当提高采购价格、增加采购数量、缩短付款期限等方式，对供应商予以激励。通过市场机制的激励和约束作用，推动供应商强化环境保护，切实减少环境污染、降低环境风险。

2014年7月，国家机关事务管理局等部委联合公布了《政府机关及公共机构购买新能源汽车实施方案》，提出2014—2016年中央国家机关及省级政府机关购买的新能源汽车占当年配备更新总量的比例，并要求该比例以后逐年提高。

2018年，中央全面深化改革委员会第五次会议审议通过的《深化政府采购制度改革方案》，进一步强化了政府采购作为财政政策工具的调控功能。

2020年6月，财政部会同生态环境部、国家邮政局印发《商品包装政府采购需求标准（试行）》《快递包装政府采购需求标准（试行）》，指导采购人在需求中明确对包装的循环、有机、可再生等要求。同年10月，财政部又会同住房和城乡建设部印发《关于政府采购支持绿色建材促进建筑品质提升试点工作的通知》，在南京、杭州、绍兴、湖州、青岛、佛山等六个城市的医院、学校、办公楼、综合体、展览馆等新建政府采购工程项目开展试点，从采购需求角度明确要求推广应用绿色建材和绿色建筑。

2023年，为推进政府采购支持绿色建材促进建筑品质提升政策实施工作，推行国家现行绿色建筑与建筑节能、绿色建材的相关法律、法规和技术标准，财政部办公厅、住房和城乡建设部办公厅、工业和信息化部办公厅制定并印发了《政府采购支持绿色建材促进建筑品质提升政策项目实施指南》。

（3）关于绿色消费的政策

2015年党的十八届五中全会积极倡导绿色消费，推广使用节能节水产品、节能家电、节能与新能源汽车和节能住宅等产品，发展城市绿色交通，推进生活垃圾分类收集处理，鼓励和引导公众在生活方式上加快向绿色消费转变，构建文明、节约、绿色、低碳的消费模式和生活方式。在这年，由工信部组织的产品生态设计评价制度开始试行，首批获得生态设计标志的产品已经发布。

2016年2月，国家发改委等十部门联合出台了《关于促进绿色消费的指导意见》，对绿色产品消费、绿色服务供给、金融扶持等进行了部署。政府明确提出旧衣"零抛售"、完善居民社区再生资源的回收体系、有序推进二手服装回收再利用、抵制珍稀动物皮毛制品、鼓励包装减量化和再利用等指导性建议。

2017年党的十九大报告提出，加快建立绿色生产和消费的法律制度和政策导向，建立健全绿色低碳循环发展的经济体系。推进绿色发展，倡导简约适度、绿色低碳的生动等策略，逐步推动全社会向绿色低碳、文明健康、勤俭节约的生活方式转变。

2020年国家发改委和司法部印发《关于加快建立绿色生产和消费法规政策体系的意见》的通知，指出要扩大绿色产品消费，特别是国有企业率先执行企业绿色采购指南；建立完善绿色产品推广机制；有条件的地方对消费者购置绿色节能产品等给予适当支持等。

2021年"十四五"规划中绿色消费的重点领域在推行绿色饮食、绿色建筑、绿色出行、绿色家用、绿色穿衣、绿色旅游等，以强化绿色发展的法律和政策保障，发展绿色金融，支持绿色技术创新，推进清洁生产，发展环保产业，推进重点行业和重要领域绿色化改造。推动能源清洁低碳安全高效利用。发展绿色建筑。开展绿色生活创建活动。降低碳排放强度，支持有条件的地方率先达到碳排放峰值，制定2030年前碳排放达峰行动方案。

2021年7月，中国纺织工业联合会指出要强化产品全生命周期绿色管理，开展绿色产品评价，发布绿色产品目录，促进绿色生产与绿色消费良性互动。构建采购、生产、物流、销售、回收等环节的绿色供应链管理体系，培育绿色供应链示范企业。

2022年，国家发改委等部门印发《促进绿色消费实施方案》，以习近平新时代中国特色社会主义思想为指导，全面贯彻党的十九大和十九届历次全会精神，深入贯彻习近平生态文明思想，落实立足新发展阶段、贯彻新发展理念、构建新发展格局的要求，面向碳达峰、碳中和目标，大力发展绿色消费，增强全民节约意识，反对奢侈浪费和过度消费，扩大绿色低碳产品供给和消费，完善有利于促进绿色消费的制度政策体系和体制机制，推进消费结构绿色转型升级，加快形成简约适度、绿色低碳、文明健康的生活方式和消费模式，为推动高质量发展和创造高品质生活提供重要支撑。

虽然以上法律、政策和其他规范性文件都在不同领域对绿色消费进行了不同角度的规定，促使我国绿色消费的法律和政策措施日渐完善，但是关于绿色消费的规定过于分散，没有形成系统的绿色消费法律制度体制。

2.日趋明确的绿色消费观念

中国在2001年首次提出"绿色消费",将其定义为以下三层含义:一是倡导消费者在消费时选择未被污染或有助于公共健康的绿色产品;二是在消费过程中注重对垃圾的处置不造成环境污染;三是引导消费者转变消费观念、崇尚自然、追求健康,在追求生活舒适的同时注重环保节约资源和能源实现可持续消费。中国消费者协会指出广义的绿色消费的概念指的是消费未被污染或者有助于公众健康的绿色产品在消费过程中注重对垃圾的处理不造成环境污染注重环保节约资源和能源。

基于绿色消费5R(Reduce,Revaluate,Reuse,Recycle,Rescue)原则的基本内容,中国消费者协会分析了绿色消费的内容:

①从消费内容的层面上,建议消费者在购买时选择那些无污染或者有利身体健康的绿色商品。

②重点关注垃圾在消费过程中的处置,避免产生环境污染的后果。

③改变人们的消费观,让公众在同时满足生活便利和舒适的情况下重视环保问题并节省资源和能源,最终达到可持续消费的目的并同时满足当代人以及子孙后代的消费需要。

3.消费者绿色消费意识有待加强

在可持续发展的大背景下,关于绿色消费的法律法规越来越完善。纺织服装业作为我国的支柱产业之一,在消费过程中存在着购买量大、循环利用率低等特点,这既会造成资源浪费也会对环境造成较大压力。虽然国家和行业协会等组织大力鼓励服装绿色消费,但是我国服装绿色消费还处于初级阶段,与发达国家还有一定的差距。

《中国可持续消费研究报告》在2012年、2017年、2018年发布的数据显示,中国消费者的可持续意识正稳步提高,由2012年的不足四成、到2017年的超过七成、至2018年超过九成。虽然消费者的环保意识在提高,但是在服装消费方面,学者何嘉伟通过调查问卷研究发现21%的消费者在服装消费中非常注重绿色消费,63.5%的消费者会偶尔注重绿色消费,15.5%的消费者在消费中从不注重绿色消费;受调者中,24.5%的消费者会关注服装材料是否环保,52.9%的消费者会偶尔关注服装材料是否环保,22.7%的消费者在日常消费中从不关注是否环保。由此可见,消费者的绿色消费意识较弱,日常消费中不太注重服装材料的环保性。究其原因,一是在服装消费上,消费者很容易感性消费,而且比较追求性价比。二是"衣不如新,人不如故"的传统观念也已根深蒂固,一部分消费者认为二手服装本身是贫穷的隐喻。三是二手衣交易未形成规范,缺乏有效的机制保证安全性,使消费者产生顾虑和担忧,对二手服装的印象仍停留在低档、不卫生的传统观念上。因此,国家和各行各业都应该呼吁推广绿色服装,加强消费者的环保意识,提升绿色服装认知水平、环境责任感和自我效能感。

根据《2021中国消费者报告》显示,中国的消费观念已经再次升级,消费者对精神消费的向往已经逐步超越了对物质消费的追求。《2023中国消费者的可持续消费观》调研报告显示，中国消费者对于可持续的理解，兼顾了国际社会的可持续发展要素，同时具有强烈的"中国特色"，其中排名前三的可持续定义分别为：减少污染、优化生存环境；良好健康与福祉；减少贫富差距、实现共同富裕。与此同时，中国消费者认为可持续发展与政府规划及其政策实施息息相关。这就提示品牌在制定中国市场的可持续战略时应当"因地制宜"，基于中国消费者的可持续价值观展开。在可持续消费方面，超过四分之三的中国消费者表示会主动了解品牌在可持续方面的举措并参与过可持续消费；近九成消费者愿意在未来三年增加可持续消费，其中逾八成认为其可持续消费将占到未来整体消费的一半以上，近四成受访者的可持续消费计划比重甚至超过80%，上述数据表明可持续议题已经成为品牌在中国市场长期发展的关键因素。上海市消费者权益保护委员会和《每日经济新闻》联合发布的《中国消费市场绿色低碳可持续趋势调查报告（2023）》显示，2023年的消费趋势呈现出多元化、个性化的特点。不论是消费主力的切换，还是流量再分配，抑或是消费者对健康、环保的需求更加旺盛，都将对2024年的消费市场产生重要影响。不管是消费者端还是品牌端，都已开始重视和拥抱绿色低碳理念。对于消费者来说，北、上、广、深四地的消费者对绿色低碳消费重视程度最高；并且，他们对食品、化妆品、家居、建材等领域的绿色低碳产品更为关心。在品牌端，绿色低碳可持续逐渐成为企业长期价值，并已融入产品设计和日常运营之中。不可否认的是，尽管中国的绿色低碳消费取得了一定的进展，但仍面临着一些障碍和问题，比如消费者的认知和行为不足、供给者的动力和能力不足、监管者的制度和机制不足等。

4.服装循环利用率仍需进一步加强提升

国内对废旧服装的回收尚处于探索阶段，废旧服装的回收再利用率远低于纺织品综合利用率。中国每年约有2600万吨旧衣服被废弃，预计到2030年将达到5000万吨左右，但循环率不足1%。虽然目前旧衣回收箱已经覆盖到各个社区，但由于消费者的回收利用意识不强，回收率并不高，使得消费者的废旧服装在其整个生命周期中都没有得到有效的利用，造成了巨大的资源浪费。消费者的循环意识在逐渐增强，但政府和行业协会等都还没有专门的部门和方案去管理，而且也没有相关的逆向物流体系，这就使得纺织服装的回收利用更加有难度。

此外，二手服装市场不景气。当前世界著名的二手服装市场发展渐趋成熟，如巴黎的玛黑区（Marais）、伦敦的科文特花园（Covent Garden）、卡姆登市场（Camden Town Market）等，其中不乏具有收藏价值的古董衫。相比之下，国内二手服装市场定位较低端，基本与流行脱节，市场管理有待规范。即便是高端二手服装店，也会存在高品质衣物稀缺的问题。以上海的高端二手市场为例，中国的古董衫市场有最令西方趋之若鹜的上海20世纪30年代手工旗袍，但真正保存下来质地优良且具代表性的不多。

不少明星开设了自己的二手服装店，但其中多为奢侈品牌或定制服装，二手服装买卖并未融入居民日常生活，且大部分的二手服装都缺乏正规、高品质货源。与普通的二手服装店铺相比，消费者对品牌二手专柜或专业二手服装店的接受度较高，因为在二手服装监管制度不完善的情况下，良好的品牌形象更加能确保安全卫生及质量。

综上分析，近几年我国绿色消费虽然取得了一定的进展，但是在服装绿色消费方面还处于初级阶段。完善服装绿色消费相关监管机制、优化废旧服装回收再利用平台、加大回收再利用技术研发力度、扩大在民众中的宣传都迫在眉睫。

第四章　服装绿色消费指数指标体系研究

一、服装绿色消费指数构建原则与流程

若要使服装消费朝着绿色、可持续方向健康稳定发展，就应该建立一个科学有效的评价方法来评估服装绿色消费的状态。

本书将绿色服装消费指数界定为：由多个单项绿色服装消费指标构成的综合指数，是以直观的量化数据来对绿色服装消费水平进行度量和监测。

通过分解绿色服装消费指数，可以诊断绿色服装消费中的薄弱环节，为全面构建绿色服装消费体系提供理论支持，同时提升公众对绿色服装消费的认知度和参与度。

（一）服装绿色消费评价指数体系的构建原则

构建服装绿色消费评价指标体系时，选取指标应遵照以下原则。

1.科学性原则

评价体系是建立在科学评价基础之上，保持科学性是建立评价体系的根本要求。保持科学性需要确保评价信息具有客观性和全面性。评价体系构建过程中，对繁多的指标体系的选择和设置必须顾及代表性，必须反映服装绿色消费的本质内核。

2.可行性原则

可行性是评价类体系建设过程中的核心要求，须根据服装绿色消费的实际要求，设立可以方便得出结果的具体指标。

科学性与可行性相结合的原则要求在筛选服装绿色消费评价指标的过程中，既要考虑整个体系在理论上是否完备、是否科学正确，又要坚决避免类似指标的无意义叠加，同时还应考虑各项指标的可操作性。

3.系统性原则

服装绿色消费评价指标体系的构建是一个任重而道远的过程，因为它必须全面切实地反映人们在服装绿色消费态度与行为等各个方面的基本特征。用于评价服装绿色消费的指标体系应该同时具有反映整体水平的系统性和具体到某一层面水平的针对性。在一个优秀的评价体系中，各个评价指标并不是孤岛式的单独组成，他们之间应在保持独立

性的前提下存在一定的关联性，从而形成一个有机的整体。同时，体系应保持一定的稳定结构，各个层级有序排布，尺度上从宏观到微观，内容上由抽象到具体，这有利于提升整个体系的简洁性和实用性。

4.关键要素原则

在构建评价指标体系时，指标的选取应重点突出反映服装绿色消费的关键要素，最终选取有说服力的综合指标来评价服装绿色消费状态，并基于此制定促进服装绿色消费的战略和规划。

5.符合国情原则

评价指标的选取应符合我国的具体国情，并综合考虑国家的相关政策或规定。

（二）服装绿色消费评价指数体系的构建流程

在构建服装绿色消费评价体系的过程中，首先应明确需要评价的对象，即服装绿色消费。本研究通过借鉴国内外已有的相关研究文献，总结归纳服装绿色消费的内容，综合每个重要层面，建立了较全面的评价指标体系，选择了合适的评价方法并对评价结果进行分析，如图4-1所示。

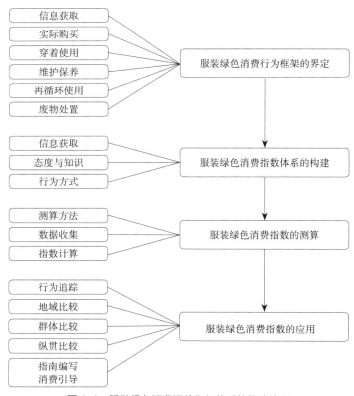

图4-1 服装绿色消费评价指标体系的构建流程

二、服装绿色消费评价指标体系的框架结构

由于完整的服装消费过程涉及众多环节，在每个环节上消费者又有不同的选择维度，因此本书采用文案研究方法，在系统梳理国内外文献的基础上，界定出完整的服装绿色消费行为框架。

（一）评价指标的选取

指标体系的结构是指可连接各个评价指标的、能精确描述和反映服装绿色消费各个评价指标功能定位和逻辑关系的表现形式和总体框架。

本研究遵照上文对构建评价指标体系基本原则的论述，综合已有相关文献的研究成果，并结合理论分析，从目标层、准则层、方案层以及指标层四个层次构建服装绿色消费评价指标体系，包括态度与知识、品牌选择、行为方式三项一级指标；环保意识、绿色服装知识、关注材料环保性、关注包装环保性、关注生产环保性、关注运输环保性、关注护理环保性、关注回收环保性、信息获取、购买与穿着、旧衣处置11项二级指标；43项三级指标。具体情况如表4-1所示。

表4-1　服装绿色消费评价指标体系的框架结构

目标层	准则层 （一级指标）	方案层 （二级指标）	指标层 （三级指标）
服装绿色消费评价指标体系	态度与知识	环保意识	EC1：R-我认为保护环境、节能减排是政府和企业的责任，与我关系不大
			EC2：去超市购物时，我会自带购物袋
			EC3：为了保护环境，我愿意放弃一些个人利益和生活便利
			EC4：我会主动向朋友、家人宣传环保方面的知识和技巧
			EC5：我认为，除非我们采取行动，否则环境破坏将不可逆转
		绿色服装知识	GK1：R-关于服装生产和穿着使用中对环境产生的负面影响，我知道的很少
			GK2：我可以正确识别服装上的环保标识
			GK3：R-购买服装时，我没有查看吊牌上环保标识的习惯
			GK4：我相信厂商的服装环保标识
	品牌选择	关注材料环保性	BS1：我在购买服装时会优先选择这样的品牌：它会追踪和检测服装生产中使用的原料和化学制品
			BS2：我在购买服装时会优先选择这样的品牌：它会提供第三方实验室检测结果来证实服装产品不含违禁成分

续表

目标层	准则层 （一级指标）	方案层 （二级指标）	指标层 （三级指标）
服装绿色 消费评价 指标体系	品牌 选择	关注 材料 环保性	BS3：我在购买服装时会优先选择这样的品牌：它会使用对环境影响小的原料来生产服装（例如使用有机棉，避免在生产中使用有害化学制品等）
		关注 包装 环保性	BS4：我在购买服装时会优先选择这样的品牌：它会在有效保护产品的前提下使用更小、更轻的包装
			BS5：我在购买服装时会优先选择这样的品牌：它会检测包装物所使用的原料
			BS6：我在购买服装时会优先选择这样的品牌：它会在包装上减少黏合剂、标签、着色剂、油墨等的使用
			BS7：我在购买服装时会优先选择这样的品牌：它会使用可回收的包装物
		关注 生产 环保性	BS8：我在购买服装时会优先选择这样的品牌：它会对外包的制造商提供环保指导，比如法律要求、最佳做法等
			BS9：我在购买服装时会优先选择这样的品牌：它会在生产环节减少水资源的使用
			BS10：我在购买服装时会优先选择这样的品牌：它会在生产过程中减少产生纺织品固体废料
			BS11：我在购买服装时会优先选择这样的品牌：它会鼓励供应商不断改善环保成效（比如减少水和能源的使用，减少固体废料）
		关注 运输 环保性	BS12：在购买服装时会优先选择这样的品牌：它会优化运输方案，减少运输过程中的碳排放
			BS13：我在购买服装时会优先选择这样的品牌：它会选择注重环保的运输公司
		关注 护理 环保性	BS14：我在购买服装时会优先选择这样的衣服：它会提供清楚的"产品护理"信息，比如哪些护理方法可以减少环境影响
			BS15：我在购买服装时会优先选择这样的衣服：它会提供清楚的"维修服务"信息，比如产品修补和更换方面的指导
		关注 回收 环保性	BS16：我在购买服装时会优先选择这样的品牌：它与慈善机构或二手商店有合作关系
			BS17：我在购买服装时会优先选择这样的品牌：它会提供旧衣回收服务
			BS18：我在购买服装时会优先选择这样的品牌：它会提供服装使用之后的处理方法指导

续表

目标层	准则层 （一级指标）	方案层 （二级指标）	指标层 （三级指标）
服装绿色 消费评价 指标体系	行为 方式	信息 获取	IA1：R-我并不关注与服装生产、穿着使用、旧衣处置等有关的环保信息 IA2：我会主动搜索、查询与服装生产、穿着使用、旧衣处置等有关的环保信息 IA3：只要见到与服装生产、穿着使用、旧衣处置等有关的环保信息，我就会留意阅读（或收看、收听） IA4：只要见到与服装生产、穿着使用、旧衣处置等有关的环保信息，我就会转发分享给大家
		购买 与 穿着	PW1：R-我总是会买很多衣服，享受买买买的乐趣 PW2：我通常会购买较少数量、更加经久耐穿的衣服 PW3：R-我喜欢穿新衣服，已有的衣服穿不了几次就不再穿了 PW4：我会购买布料自己动手或者找人帮忙为我制作衣服 PW5：我会购买二手服装 PW6：我会尽量多穿已有的衣服 PW7：我会尽量延长衣服的使用寿命
		旧衣 处置	DP1：R-我会把确定不要的旧衣物直接扔到垃圾箱里 DP2：对于过时或部分破损的衣服，我会自己动手或者送到改衣店修改成别的衣服或物品，然后重新使用 DP3：我会把穿过的衣物直接送给亲戚、朋友或认识的人 DP4：我会把旧衣物捐赠给慈善机构或参加各种旧衣捐赠活动 DP5：我会把旧衣物投放到旧衣物回收箱里

注 "R-"代表该项为逆向指标，在数据整理时进行反向处理。

（二）评价指标的解析

1.目标层

目标层是整个服装绿色消费追求的目标，即在环保意识和绿色服装知识的驱动及影响下，人们在信息获取、品牌选择、购买与穿着、旧衣处置这一完整服装消费过程中实现可持续性状态。这种状态可用"服装绿色消费综合评价指数"来加以测量和评价。

2.准则层

准则层（一级指标）应当可以综合而全面地描述受访者的服装绿色消费现状。

结合本研究对于服装绿色消费的界定，将准则层分为了态度与知识、品牌选择、行为方式三个层次。根据心理与行为科学的观点，这三方面紧密联系、不可分割，如图4-2所示。

（1）态度与知识

态度与知识是行为方式的根基和重要影响因素，其测量主要包括消费者的环保意识、对绿色面料和绿色标签等知识的了解等。

（2）品牌选择

在个人态度与知识的影响下，消费者在选择服装品牌时对其各方面环保表现会有不同的关注与考量，这种关注将会影响他们在购买服装时的品牌选择。

（3）行为方式

行为方式的测量对象是人们在完整服装消费周期中表现出来的真实的可持续状态。

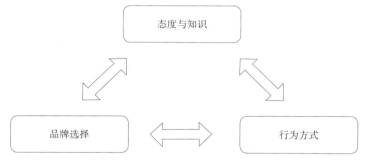

图4-2　服装绿色消费态度与知识、品牌选择、行为方式的关系

3.方案层

方案层（二级指标）是对一级指标即准则层的进一步细分，涉及服装绿色消费的各个层面。其中，态度与知识细分为环保意识、绿色服装知识两个分项指标；品牌选择细分为关注材料环保性、关注包装环保性、关注生产环保性、关注运输环保性、关注护理环保性、关注回收环保性六个分项指标。

现有研究表明，服装绿色消费行为主要表现在商品的购买、使用、处理、废弃等过程中施行产品减量化、再利用、再循环的生态意识及相应行为，如图4-3所示。

依据消费流程及前面提到的服装绿色消费定义，服装绿色消费评价指标体系研究将行为方式细分为信息获取、购买与穿着、旧衣处置三个分项指标，得到如图4-4所示框架。

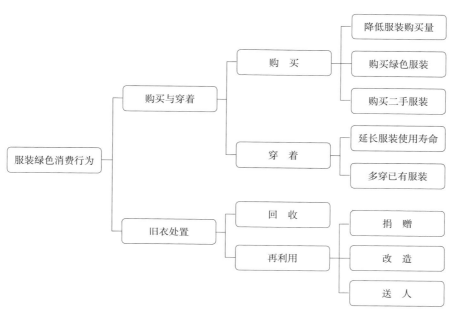

图4-3 服装绿色消费行为方式的内容架构

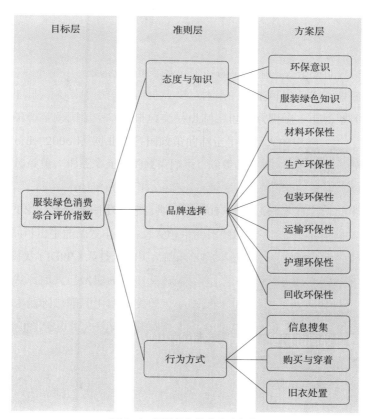

图4-4 服装绿色消费内容架构

4.指标层

指标层（三级指标）是最具体的用以渗透评价的基层指标。三级指标在设立时根据前述原则尽量选择能进行测量、比较、操作的指标，用以度量准则层所要求表现的强度和频度等，如表4-1所示。

态度与知识二级指标下，环保意识借鉴了芈凌云（2011年）和张倩（2013年）的研究，共包含5个三级指标；绿色服装知识借鉴了BANG H K（2000年）和HE X（2011年）的研究，共包含4个三级指标；而品牌选择与行为方式下各三级指标则首先通过文献搜集和深度访谈进行初步确定，随后通过预试与专家判断进行进一步筛选，最后品牌选择下共保留18个三级指标，行为方式下共保留16个三级指标。

其中，"R-"代表该题项为逆向指标，在数据整理时已对其进行了反向处理，目前的数值反映的是正向的数值，即数值越大表明环保意识越强。

三、服装绿色消费评价指标体系的信效度分析及权重确定

（一）常用的指标权重确定方法

指标权重是评估体系中的量化值，代表的是在整体体系中各个指标价值高低、重要程度及所占比例的大小，权重大小一般以小数形式表示，称为权重系数。根据数学原理可知，体系中所有指标的权重之和应为1（或以100%表示）。

能够确定指标权重的方法很多，一类是主观赋权评估法，此类方法大多是根据人为的经验判断得出结果，一般会采取咨询的方式打分，然后再对打分结果进行数据处理。虽然有完全客观的数据处理过程，但所得数据的源头还是人的主观思想，所以最终结果能较强地反映决策者主观意向，客观度较低。主观赋权评估法主要包括层次分析法（AHP法）、专家调查法（Delphi法）、模糊分析法等。此类方法的优点是能较为准确排出各个指标之间的重要程度顺序，但缺点就是主观性较大，有可能会出现偏离实际情况的现象。

另一类是客观赋权法，此类方法较主观赋权法来说出现得较晚，但由于其在极大程度上克服了主观随意性的问题，在短时间内就有了广泛的应用。该类方法通过分析体系中各指标的相互联系和变化程度得出最终结果，整个过程中都有强大的数学方法作为理论支撑，几乎完全忽略决策者的主观意向，所得权重准确性相对较高。主要包括最大熵技术法、主成分分析法、多目标规划法等。

（二）指标权重确定方法的选择

主观赋值法一般以专业科研人员从不同方面对研究对象的打分为依据，因此会受主

观评价因素的影响，而客观赋值法却刚好可以弥补这一劣势，从而防止人为因素带来的误差。

另外，由于服装绿色消费涉及内容众多，而且之前没有关于服装绿色消费评价的指标体系可供参考，为尽可能减少人为主观评价可能产生的影响，所以本研究采用客观赋值法中的因子分析法对服装绿色消费评价指标进行权重的赋值。

（三）信效度分析

针对服装绿色消费评价指标体系的调研在京津冀区域的7个城市开展，采用线上调研与线下调研相结合的形式，共收回3186份问卷；删除42份存在空白题项的问卷后，最终保留有效问卷3144份。

1.描述性统计

为了解变量值的集中性特征和波动性特征，对数据进行了描述性分析。此处分别列出了所有二级指标的描述性统计分析结果。

（1）环保意识

如表4-2所示，各观察变量对应的题项分别是：

EC1：R-我认为保护环境、节能减排是政府和企业的责任，与我关系不大。

EC2：去超市购物时，我会自带购物袋。

EC3：为了保护环境，我愿意放弃一些个人利益和生活便利。

EC4：我会主动向朋友、家人宣传环保方面的知识和技巧。

EC5：我认为，除非我们采取行动，否则环境破坏将不可逆转。

其中，"R-"代表该题项为逆向指标，在数据整理时已对其进行了反向处理，目前的数值反映的是正向的数值，即数值越大表明环保意识越强。

表4-2　潜变量"环保意识"的描述性统计

潜变量	观察变量	样本量	最小值	最大值	均值	标准差
	EC1	3144	0	10	6.22	3.385
	EC2	3144	0	10	7.20	2.465
环保意识	EC3	3144	0	10	6.27	2.880
	EC4	3144	0	10	5.34	2.978
	EC5	3144	0	10	5.56	3.524

（2）绿色服装知识

如表4-3所示，各观察变量对应的题项分别是：

GK1：R-关于服装生产和穿着使用中对环境产生的负面影响，我知道的很少。

GK2：我可以正确识别服装上的环保标识。

GK3：R-购买服装时，我没有查看吊牌上环保标识的习惯。

GK4：我相信厂商的服装环保标识。

表4-3 潜变量"绿色服装知识"的描述性统计

潜变量	观察变量	样本量	最小值	最大值	均值	标准差
绿色服装知识	GK1	3144	0	10	4.10	3.122
	GK2	3144	0	10	4.72	3.154
	GK3	3144	0	10	3.49	3.102
	GK4	3144	0	10	6.99	2.052

（3）关注材料环保性

如表4-4所示，各观察变量对应的题项分别是：

BS1：我在购买服装时会优先选择这样的品牌：它会追踪和检测服装生产中使用的原料和化学制品。

BS2：我在购买服装时会优先选择这样的品牌：它会提供第三方实验室检测结果来证实服装产品不含违禁成分。

BS3：我在购买服装时会优先选择这样的品牌：它会使用对环境影响小的原料来生产服装（如使用有机棉，避免在生产中使用有害化学制品等）。

表4-4 潜变量"关注材料环保性"的描述性统计

潜变量	观察变量	样本量	最小值	最大值	均值	标准差
关注材料环保性	BS1	3144	0	10	6.57	2.463
	BS2	3144	0	10	6.65	2.485
	BS3	3144	0	10	7.05	2.251

（4）关注包装环保性

如表4-5所示，各观察变量对应的题项分别是：

BS4：我在购买服装时会优先选择这样的品牌：它会在有效保护产品的前提下使用更小、更轻的包装。

BS5：我在购买服装时会优先选择这样的品牌：它会检测包装物所使用的原料。

BS6：我在购买服装时会优先选择这样的品牌：它会在包装上减少黏合剂、标签、着色剂、油墨等的使用。

BS7：我在购买服装时会优先选择这样的品牌：它使用可回收的包装物。

表4-5　潜变量"关注包装环保性"的描述性统计

潜变量	观察变量	样本量	最小值	最大值	均值	标准差
关注包装环保性	BS4	3144	0	10	7.15	2.168
	BS5	3144	0	10	6.76	2.351
	BS6	3144	0	10	7.07	2.256
	BS7	3144	0	10	7.19	2.172

（5）关注生产环保性

如表4-6所示，各观察变量对应的题项分别是：

BS8：我在购买服装时会优先选择这样的品牌：它会对外包的制造商提供环保指导，比如法律要求、最佳做法等。

BS9：我在购买服装时会优先选择这样的品牌：它会在生产环节减少水资源的使用。

BS10：我在购买服装时会优先选择这样的品牌：它会在生产过程中减少产生纺织品固体废料。

BS11：我在购买服装时会优先选择这样的品牌：它会鼓励供应商不断改善环保成效（比如减少水和能源的使用，减少固体废料）。

表4-6　潜变量"关注生产环保性"的描述性统计

潜变量	观察变量	样本量	最小值	最大值	均值	标准差
关注生产环保性	BS8	3144	0	10	7.02	2.237
	BS9	3144	0	10	6.92	2.333
	BS10	3144	0	10	7.05	2.241
	BS11	3144	0	10	7.23	2.164

（6）关注运输环保性

如表4-7所示，各观察变量对应的题项分别是：

BS12：在购买服装时会优先选择这样的品牌：它会优化运输方案，减少运输过程中的碳排放。

BS13：我在购买服装时会优先选择这样的品牌：它会选择注重环保的运输公司。

表4-7　潜变量"关注运输环保性"的描述性统计

潜变量	观察变量	样本量	最小值	最大值	均值	标准差
关注运输环保性	BS12	3144	0	10	7.06	2.303
	BS13	3144	0	10	7.09	2.302

（7）关注护理环保性

如表4-8所示，各观察变量对应的题项分别是：

BS14：我在购买服装时会优先选择这样的衣服：它会提供清楚的"产品护理"信息，比如哪些护理方法可以减少环境影响。

BS15：我在购买服装时会优先选择这样的衣服：它会提供清楚的"维修服务"信息，比如产品修补和更换方面的指导。

表4-8　潜变量"关注护理环保性"的描述性统计

潜变量	观察变量	样本量	最小值	最大值	均值	标准差
关注护理环保性	BS14	3144	0	10	7.25	2.075
	BS15	3144	0	10	7.19	2.058

（8）关注回收环保性

如表4-9所示，各观察变量对应的题项分别是：

BS16：我在购买服装时会优先选择这样的品牌：它与慈善机构或二手商店有合作关系。

BS17：我在购买服装时会优先选择这样的品牌：它会提供旧衣回收服务。

BS18：我在购买服装时会优先选择这样的品牌：它会提供服装使用之后的处理方法指导。

对于废旧服装的不当处置同样会给环境带来巨大的负担和危害。在该项目上，受访者的得分处于较低水平，反映出消费者在服装废弃处置方面的现有做法不够环保。

表4-9　潜变量"关注回收环保性"的描述性统计

潜变量	观察变量	样本量	最小值	最大值	均值	标准差
关注回收环保性	BS16	3144	0	10	6.55	2.440
	BS17	3144	0	10	6.80	2.405
	BS18	3144	0	10	7.02	2.232

（9）信息获取

如表4-10所示，各观察变量对应的题项分别是：

IA1：R-我并不关注与服装生产、穿着使用、旧衣处置等有关的环保信息。

IA2：我会主动搜索、查询与服装生产、穿着使用、旧衣处置等有关的环保信息。

IA3：只要见到与服装生产、穿着使用、旧衣处置等有关的环保信息，我就会留意阅读（或收看、收听）。

IA4：只要见到与服装生产、穿着使用、旧衣处置等有关的环保信息，我就会转发分享给大家。

表4-10　潜变量"信息获取"的描述性统计

潜变量	观察变量	样本量	最小值	最大值	均值	标准差
信息获取	IA1	3144	0	10	3.95	2.980
	IA2	3144	0	10	4.18	3.046
	IA3	3144	0	10	4.23	3.020
	IA4	3144	0	10	4.12	2.929

（10）购买与穿着

如表4-11所示，各观察变量对应的题项分别是：

PW1：R-我总是会买很多衣服，享受买买买的乐趣。

PW2：我通常会购买较少数量、更加经久耐穿的衣服。

PW3：R-我喜欢穿新衣服，已有的衣服穿不了几次就不再穿了。

PW4：我会购买布料自己动手或者找人帮忙为我制作衣服。

PW5：我会购买二手服装。

PW6：我会尽量多穿已有的衣服。

PW7：我会尽量延长衣服的使用寿命。

表4-11　潜变量"购买与穿着"的描述性统计

潜变量	观察变量	样本量	最小值	最大值	均值	标准差
购买与穿着	PW1	3144	0	10	4.80	2.890
	PW2	3144	0	10	5.54	3.050
	PW3	3144	0	10	3.00	2.709
	PW4	3144	0	10	2.69	2.705
	PW5	3144	0	10	6.73	2.508
	PW6	3144	0	10	7.37	1.977
	PW7	3144	0	10	7.57	1.848

（11）旧衣处置

如表4-12所示，各观察变量对应的题项分别是：

DP1：R-我会把确定不要的旧衣物直接扔到垃圾箱里。

DP2：对于过时或部分破损的衣服，我会自己动手或者送到改衣店修改成别的衣服或物品，然后重新使用。

DP3：我会把穿过的衣物直接送给亲戚、朋友或认识的人。

DP4：我会把旧衣物捐赠给慈善机构或参加各种旧衣捐赠活动。

DP5：我会把旧衣物投放到旧衣物回收箱里。

表4-12　潜变量"旧衣处置"的描述性统计

潜变量	观察变量	样本量	最小值	最大值	均值	标准差
旧衣处置	DP1	3144	0	10	5.19	3.163
	DP2	3144	0	10	6.00	2.674
	DP3	3144	0	10	6.68	2.395
	DP4	3144	0	10	7.29	2.123
	DP5	3144	0	10	7.41	2.152

2.信度分析

信度又叫可靠性，是指测验的可信程度，主要表现测试结果的一贯性、一致性、再现性和稳定性。学术界常以克伦巴赫alpha系数（Cronbach's Alpha）作为测试内部一致性的测量标准，对克伦巴赫alpha系数的建议值是0.7，介于0.7～0.98是高信度值，低于0.35必须予以拒绝。

此外，大多数研究者选择运用克伦巴赫alpha系数对数据进行项目纯化检验。当克伦巴赫alpha系数较低时则表明观察变量不能表达所要测试的概念，克伦巴赫alpha系数较高时表明观察变量的测试与真实值相关性良好。具体操作步骤是计算每个观察变量与量表总分值之间的相关系数，相关系数小于0.4并且将其删除后整体克伦巴赫alpha系数值有所增加的观察变量应该被剔除。在通过计算观察变量与量表总分值相关系数来简化量表时，这种计算与删除需要重复进行，即每次删除完一个观察变量后都需要重新计算剩余观察变量与量表总分值的相关系数，并观察克伦巴赫alpha系数是否有所增加，直至获得满意的结果。Nunnally认为0.5～0.6的可靠度足够了，超过0.8的可靠度是一种浪费。实际运用中一般认为可靠度在0.7以上是可以接受的。

（1）环保意识

由表4-13可以看出，与分量表总和相关系数小于0.4的项目只有EC2（去超市购物时，我会自带购物袋）一项，且删除该项后α值增加，因此该项目需要删除。

表4-13　分量表"环保意识"的信度分析

分量表	克伦巴赫alpha系数	观察变量	校正的项总计相关性	删除该项后的 α 系数
环保意识	0.817	EC1	0.513	0.813
		EC2	0.097	0.894
		EC3	0.873	0.704
		EC4	0.862	0.704
		EC5	0.775	0.725

删除项目EC2后，重新计算分量表总和，并再次进行了上述信度分析，结果见表4-14。

表4-14 分量表"环保意识"删除题项后的信度分析

分量表	克伦巴赫alpha系数	观察变量	校正的项总计相关性	删除该项后的 α 系数
环保意识	0.894	EC1	0.569	0.938
		EC3	0.877	0.829
		EC4	0.848	0.836
		EC5	0.819	0.845

表4-14表明，不再有符合删除标准的题项，因此剩余的全部题项被保留在该量表中。

（2）绿色服装知识

由表4-15可以看出，分量表的 α 系数为0.587。GK4（我相信厂商的服装环保标识）与分量表总和的相关系数小于0.4，且删除该项后能使量表 α 系数有所提升，因此该项目需要删除。

表4-15 分量表"绿色服装知识"的信度分析

分量表	克伦巴赫alpha系数	观察变量	校正的项总计相关性	删除该项后的 α 系数
绿色服装知识	0.587	GK1	0.589	0.311
		GK2	0.574	0.325
		GK3	0.264	0.602
		GK4	0.080	0.675

删除项目GK4后，重新计算分量表总和，并再次进行了上述信度分析，结果见表4-16。

表4-16 分量表"绿色服装知识"删除题项GK4后的信度分析

分量表	克伦巴赫alpha系数	观察变量	校正的项总计相关性	删除该项后的 α 系数
绿色服装知识	0.675	GK1	0.635	0.375
		GK2	0.523	0.533
		GK3	0.329	0.774

由表4-16可以看出，分量表的 α 系数为0.675。GK3（R-购买服装时，我没有查看吊牌上环保标识的习惯）与分量表总和的相关系数小于0.4，且删除该项后能使量表 α 系数提升至0.75以上，因此该项目需要删除。

删除项目GK3后，重新计算分量表总和，并再次进行了上述信度分析，结果见表4-17。

表4-17　分量表"绿色服装知识"删除题项GK3后的信度分析

分量表	克伦巴赫alpha系数	观察变量	校正的项总计相关性	删除该项后的 α 系数
绿色服装知识	0.774	GK1	0.631	—
		GK2	0.631	—

由表4-17可以看出，分量表的α系数为0.774，通过信度检验。

（3）关注材料环保性

如表4-18所示，分量表的α系数为0.859，信度很高，且没有符合删除标准的题项，因此全部题项被保留在该量表中。

表4-18　分量表"关注材料环保性"的信度分析

分量表	克伦巴赫alpha系数	观察变量	校正的项总计相关性	删除该项后的 α 系数
关注材料环保性	0.859	BS1	0.722	0.814
		BS2	0.734	0.803
		BS3	0.750	0.791

（4）关注包装环保性

如表4-19所示，分量表的α系数为0.874，信度很高，且没有符合删除标准的题项，因此全部题项被保留在该量表中。

表4-19　分量表"关注包装环保性"的信度分析

分量表	克伦巴赫alpha系数	观察变量	校正的项总计相关性	删除该项后的 α 系数
关注包装环保性	0.874	BS4	0.703	0.849
		BS5	0.731	0.839
		BS6	0.745	0.833
		BS7	0.743	0.834

（5）关注生产环保性

如表4-20所示，分量表的α系数为0.904，信度很高，且没有符合删除标准的题项，因此全部题项被保留在该量表中。

表4-20　分量表"关注生产环保性"的信度分析

分量表	克伦巴赫alpha系数	观察变量	校正的项总计相关性	删除该项后的 α 系数
关注生产环保性	0.904	BS8	0.761	0.885
		BS9	0.779	0.879
		BS10	0.796	0.872
		BS11	0.805	0.870

（6）关注运输环保性

如表4-21所示，分量表的 α 系数为0.851，信度很高，且没有符合删除标准的题项，因此全部题项被保留在该量表中。

表4-21　分量表"关注运输环保性"的信度分析

分量表	克伦巴赫alpha系数	观察变量	校正的项总计相关性	删除该项后的 α 系数
关注运输环保性	0.851	BS12	0.741	—
		BS13	0.741	—

（7）关注护理环保性

如表4-22所示，分量表的 α 系数为0.781，信度较高，且没有符合删除标准的题项，因此全部题项被保留在该量表中。

表4-22　分量表"关注护理环保性"的信度分析

分量表	克伦巴赫alpha系数	观察变量	校正的项总计相关性	删除该项后的 α 系数
关注护理环保性	0.781	BS14	0.640	—
		BS15	0.640	—

（8）关注回收环保性

如表4-23所示，分量表的 α 系数为0.856，信度很高，且没有符合删除标准的题项，因此全部题项被保留在该量表中。

表4-23　分量表"关注回收环保性"的信度分析

分量表	克伦巴赫alpha系数	观察变量	校正的项总计相关性	删除该项后的 α 系数
关注回收环保性	0.781	BS16	0.705	0.823
		BS17	0.747	0.782
		BS18	0.739	0.792

（9）信息获取

由表4-24可以看出，分量表的α系数为0.921，信度很高，且没有符合删除标准的题项，因此全部题项被保留在该量表中。

表4-24　分量表"信息获取"的信度分析

分量表	克伦巴赫alpha系数	观察变量	校正的项总计相关性	删除该项后的 α 系数
信息获取	0.921	IA1	0.650	0.952
		IA2	0.900	0.868
		IA3	0.880	0.876
		IA4	0.853	0.886

（10）购买与穿着

由表4-25可以看出，分量表的α系数为0.550。PW4（我会购买二手服装）、PW3（我会购买布料自己动手或者找人帮忙为我制作衣服）与分量表总和的相关系数小于或约等于0.1，且删除这两项后都能使量表α系数有所提升，因此这两个题项需要删除。

表4-25　分量表"购买与穿着"的信度分析

分量表	克伦巴赫alpha系数	观察变量	校正的项总计相关性	删除该项后的 α 系数
购买与穿着	0.781	PW1	0.314	0.496
		PW2	0.473	0.415
		PW3	0.104	0.580
		PW4	0.039	0.604
		PW5	0.185	0.546
		PW6	0.524	0.438
		PW7	0.465	0.463

删除项目PW4、PW3后，重新计算分量表总和，并再次进行了上述信度分析，结果见表4-26。

表4-26　分量表"购买与穿着"删除题项后的信度分析

分量表	克伦巴赫alpha系数	观察变量	校正的项总计相关性	删除该项后的 α 系数
购买与穿着	0.700	PW1	0.534	0.616
		PW2	0.478	0.648
		PW5	0.403	0.673
		PW6	0.513	0.638
		PW7	0.412	0.673

由表4-26可以看出，分量表的α系数为0.700，且没有符合删除标准的题项，因此全部题项被保留在该量表中，通过信度检验。

（11）旧衣处置

由表4-27可以看出，分量表的α系数为0.550。DP1（R-我会把确定不要的旧衣物直接扔到垃圾箱里）与分量表总和的相关系数小于0.1，且删除该项后能使量表的α系数增大，因此该项目需要删除。

表4-27　分量表"旧衣处置"的信度分析

分量表	克伦巴赫alpha系数	观察变量	校正的项总计相关性	删除该项后的α系数
旧衣处置	0.550	DP1	-0.016	0.720
		DP2	0.340	0.476
		DP3	0.371	0.461
		DP4	0.560	0.368
		DP5	0.512	0.393

删除项目DP1后，重新计算分量表总和，并再次进行了上述信度分析，结果见表4-28。

表4-28　分量表"旧衣处置"删除题项后的信度分析

分量表	克伦巴赫alpha系数	观察变量	校正的项总计相关性	删除该项后的α系数
旧衣处置	0.720	DP2	0.471	0.689
		DP3	0.490	0.669
		DP4	0.573	0.625
		DP5	0.520	0.653

由表4-28可以看出，分量表的α系数为0.720，信度可接受，且不再有符合删除标准的题项，因此剩余题项都被保留在该量表中。

3.效度分析

效度是指一个量表度量它所要度量的内容的能力。对于题项（定量数据）设计是否合理，通常可以通过因子分析（探索性因子分析）方法进行验证。在进行因子分析后，对比题项和因子间的对应关系与研究者的理论构想是否一致；如果二者基本一致，则说明量表具有良好的结构效度。

探索性因子分析的一个潜在要求是原有变量之间要具有比较强的相关性。如果原有变量之间不存在较强的相关关系，那么就无法从中综合出能反映某些变量共同特性的少数公共因子变量。因此，在探索性因子分析之前有必要对原变量做相关性分析，巴特利球形检验（Bartlett's Test of Sphericity）、KMO（Kaiser—Meyer—Olkin）检验常被用于分析变量是否适合进行因子分析。

巴特利球形检验的统计量是根据相关系数矩阵的行列式得到的，如果该值较大，且对应的相伴概率小于设定的显著水平，那么应该拒绝零假设，认为相关系数矩阵不可能是单位矩阵，也即原始变量之间存在相关性，适合做因子分析。一般设定的显著水平为0.05。Kaiser给出了KMO检验的标准：KMO数值在0.5～0.7是普通的；在0.7～0.8是比较好的；在0.8～0.9是非常好的；大于0.9则是极好的。一般认为KMO大于0.7基本适合做因子检验。

（1）KMO及巴特利球形检验

首先对所有测量题项进行KMO及巴特利球形检验，表4-29的分析结果表明：KMO测度高达0.948；巴特利球形检验的显著水平均为0.000，远远小于0.05；两种检验指标都表明数据适合进行探索性因子分析。

表4-29　探索性因子分析结果汇总

检验类型	检验结果	
取样足够度的KMO度量	0.948	
巴特利球形检验	84371.30503792834	90733.340
	666	666
	0	0.000

此外，所有题项的公因子方差提取值均大于0.4（最小值为0.495），没有需要被删除的题项。

（2）题项与因子间的对应关系

此次探索性因子分析共提取了6个公因子，其中与品牌选择相关的题项被归纳在了同一组。总体来看，探索性因子提取结果与本书预想架构基本一致。这6个公因子累计可解释原始37个因子的68.864%的信息，说明这6个公因子能解释大部分方差（表4-30），结果比较理想。

表4-30　解释的总方差

成分	初始特征值			提取平方和载入			旋转平方和载入		
	合计	方差（%）	累积（%）	合计	方差（%）	累积（%）	合计	方差（%）	累积（%）
1	13.409	36.240	36.240	13.409	36.240	36.240	11.418	30.860	30.860
2	4.890	13.217	49.457	4.890	13.217	49.457	3.512	9.491	40.351
3	2.841	7.679	57.136	2.841	7.679	57.136	3.405	9.203	49.555
4	1.656	4.477	61.613	1.656	4.477	61.613	2.997	8.100	57.655
5	1.467	3.964	65.577	1.467	3.964	65.577	2.110	5.703	63.358

续表

成分	初始特征值			提取平方和载入			旋转平方和载入		
	合计	方差（%）	累积（%）	合计	方差（%）	累积（%）	合计	方差（%）	累积（%）
6	1.216	3.287	68.864	1.216	3.287	68.864	2.037	5.506	68.864
7	0.908	2.455	71.319	—	—	—	—	—	—
8	0.813	2.197	73.517	—	—	—	—	—	—
9	0.713	1.928	75.444	—	—	—	—	—	—
10	0.671	1.813	77.257	—	—	—	—	—	—
11	0.618	1.671	78.928	—	—	—	—	—	—
12	0.564	1.524	80.451	—	—	—	—	—	—
13	0.524	1.416	81.867	—	—	—	—	—	—
14	0.480	1.297	83.165	—	—	—	—	—	—
15	0.466	1.261	84.425	—	—	—	—	—	—
16	0.420	1.136	85.561	—	—	—	—	—	—
17	0.409	1.107	86.668	—	—	—	—	—	—
18	0.379	1.023	87.691	—	—	—	—	—	—
19	0.362	0.977	88.669	—	—	—	—	—	—
20	0.345	0.932	89.601	—	—	—	—	—	—
21	0.326	0.882	90.483	—	—	—	—	—	—
22	0.308	0.833	91.316	—	—	—	—	—	—
23	0.300	0.812	92.128	—	—	—	—	—	—
24	0.290	0.784	92.912	—	—	—	—	—	—
25	0.286	0.774	93.686	—	—	—	—	—	—
26	0.277	0.748	94.435	—	—	—	—	—	—
27	0.256	0.691	95.126	—	—	—	—	—	—
28	0.254	0.687	95.813	—	—	—	—	—	—
29	0.247	0.668	96.481	—	—	—	—	—	—
30	0.220	0.595	97.076	—	—	—	—	—	—
31	0.210	0.568	97.643	—	—	—	—	—	—
32	0.194	0.523	98.167	—	—	—	—	—	—
33	0.171	0.463	98.629	—	—	—	—	—	—
34	0.165	0.447	99.076	—	—	—	—	—	—
35	0.145	0.391	99.467	—	—	—	—	—	—
36	0.101	0.272	99.739	—	—	—	—	—	—
37	0.096	0.261	100.000	—	—	—	—	—	—

　　未经旋转的同一因子往往在很多项目上都有较高的载荷，这种情况下因子的含义就比较模糊。因此，此处对因子载荷矩阵进行了方差极大旋转，这可以在保持因子独立的情况下使因子含义更加清晰。旋转后的因子载荷矩阵如表4-31所示，它也显示了题项与因子间的对应关系。

表4-31　旋转后的因子载荷矩阵

题项	成分					
	品牌选择	信息获取	环保意识	旧衣处置	购买与穿着	绿色服装知识
BS10	0.842	0.060	0.041	0.109	0.057	0.021
BS11	0.835	0.058	0.070	0.117	0.120	0.017
BS12	0.834	0.008	−0.001	0.153	0.028	−0.032
BS8	0.830	0.011	0.026	0.135	0.011	−0.057
BS9	0.819	0.077	0.049	0.128	0.090	0.032
BS6	0.817	0.067	−0.006	0.087	0.055	0.014
BS13	0.814	0.052	0.017	0.202	0.084	0.076
BS5	0.807	0.087	0.006	0.163	0.044	0.076
BS3	0.801	0.086	−0.001	0.135	0.063	0.045
BS7	0.784	0.064	0.034	0.165	0.113	0.031
BS2	0.780	0.085	−0.016	0.168	0.047	0.103
BS4	0.771	0.029	0.042	0.118	0.057	−0.115
BS1	0.755	0.037	−0.108	0.191	−0.055	−0.030
BS14	0.718	0.054	0.089	0.242	0.118	−0.009
BS18	0.660	0.060	0.012	0.444	0.046	0.095
BS15	0.653	0.059	0.041	0.313	0.116	0.004
BS17	0.618	0.043	−0.022	0.483	−0.004	0.131
BS16	0.594	0.048	−0.077	0.500	−0.051	0.141
IA2	0.152	0.925	0.110	0.014	−0.015	0.050
IA3	0.135	0.910	0.147	0.043	−0.010	0.003
IA4	0.173	0.894	0.112	0.049	−0.035	0.012
IA1	−0.041	0.772	0.120	0.029	0.021	0.071
EC3	0.076	0.164	0.916	0.033	0.037	0.137
EC5	−0.060	0.164	0.912	−0.023	0.035	0.062
EC4	0.121	0.215	0.903	0.098	0.034	0.130
EC1	−0.093	−0.088	0.597	−0.232	0.188	0.457
DP3	0.227	0.038	−0.026	0.666	0.047	−0.105

题项	成分					
	品牌选择	信息获取	环保意识	旧衣处置	购买与穿着	绿色服装知识
DP4	0.378	0.002	0.073	0.630	0.101	0.012
DP2	0.360	0.079	−0.136	0.582	0.097	0.047
DP5	0.382	0.003	0.132	0.570	0.078	−0.007
PW5	0.090	−0.236	−0.091	−0.059	0.743	0.250
PW6	0.279	0.085	0.134	0.298	0.731	−0.094
PW7	0.334	0.070	0.140	0.357	0.626	−0.144
PW2	−0.013	0.307	0.417	0.022	0.423	0.322
GK1	0.092	0.014	0.176	0.008	0.054	0.874
GK2	0.206	0.302	0.334	0.205	−0.077	0.622
PW1	−0.101	0.014	0.239	−0.200	0.528	0.575

旋转后的因子载荷矩阵（表4-31）表明，各题项和因子间的对应关系与研究预期几乎完全一致，只有"服装购买与穿着"下的题项PW1同时在"绿色服装知识"下的载荷略高。上述结果说明本研究制定的服装绿色消费指数指标体系效度良好。

4.指标权重的计算

（1）一级指标权重的确定

根据表4-30最后一列"旋转平方和载入"中的解释方差百分比，计算得出各一级指标的权重值，如表4-32所示。

表4-32　各一级指标的权重

一级指标	方差（%）	权重
态度与知识	14.709	0.2136
品牌选择	30.860	0.4481
行为方式	23.294	0.3383
累计	68.864	1.0000

上述权重结果体现了对服装绿色消费指数各一级指标之间相对重要性的判断。从上表给出的权重体系看，在一级指标层级，"品牌选择"的权重最高，这表明消费者对绿色服装品牌的偏爱与选择是服装绿色消费的最大贡献部分。一方面，如果消费者能更加偏爱、主动选择有环境责任感的绿色服装品牌，就会从需求端对供给端提出要求，迫使服装企业在生产流通的全流程更加注重可持续性；另一方面，消费者购买这类绿色服装品牌的商品，本身也是一种更加环保的消费方式，能有效降低服装消费行为本身对环境

的伤害。

"行为方式"的权重位居第二，表明从信息获取、购买与穿着、到旧衣处置这一完整行为过程对服装绿色消费的重要意义。

"态度与知识"的权重位居第三，数值也大于0.2，显示了环保意识和绿色服装知识对于服装绿色消费的贡献和影响。

（2）二级指标权重的确定

根据表4-30最后一列"旋转平方和载入"中的解释方差百分比，计算得出各二级指标的权重值，如表4-33所示。

表4-33　各二级指标的权重

一级指标	权重	二级指标	方差（%）	权重
态度与知识	0.2136	环保意识	9.203	0.6257
		绿色服装知识	5.506	0.3743
品牌选择	0.4481	关注材料环保性	5.143	0.1667
		关注包装环保性	5.143	0.1667
		关注生产环保性	5.143	0.1667
		关注运输环保性	5.143	0.1667
		关注护理环保性	5.143	0.1667
		关注回收环保性	5.143	0.1667
行为方式	0.3383	信息获取	9.491	0.4074
		购买与穿着	5.703	0.2448
		旧衣处置	8.100	0.3477

上述权重结果体现了对服装绿色消费指数各二级指标之间相对重要性的判断。

在一级指标"态度与知识"下，二级指标"环保意识"的权重最高，表明在当前绿色环保风尚影响下，提升消费者的环保意识是由服装传统消费向服装绿色消费转变的有效途径。

在一级指标"品牌选择"下，由于6个二级指标无法通过因子分析进行进一步的拆分，因此对其权重进行均等化设置。

在一级指标"行为方式"下，"信息获取"的权重最高，其次是"旧衣处置"和"购买与穿着"，这表明鼓励消费者积极获取环保知识、正确处置旧衣、形成可持续的购买与穿着习惯，也都有助于服装的绿色消费。

（3）三级指标权重的确定

根据表4-31中每个因子主要包含题项在其所属因子上的旋转后因子载荷，计算得出各三级指标的权重值。

（四）服装绿色消费评价指标体系的完整架构

至此，得到服装绿色消费评价指标体系的完整框架，如表4-34所示。

表4-34　服装绿色消费评价指标体系的完整架构

目标层	一级指标		二级指标		三级指标	
	名称	权重	名称	权重	名称	权重
服装绿色消费评价指标体系	态度与知识	0.2136	环保意识	0.6257	EC1	0.1794
					EC3	0.2752
					EC4	0.2713
					EC5	0.2740
			绿色服装知识	0.3743	GK1	0.5842
					GK2	0.4158
	品牌选择	0.4481	关注材料环保性	0.1667	BS1	0.3232
					BS2	0.3339
					BS3	0.3429
			关注包装环保性	0.1667	BS4	0.2425
					BS5	0.2539
					BS6	0.2570
					BS7	0.2466
			关注生产环保性	0.1667	BS8	0.2495
					BS9	0.2462
					BS10	0.2532
					BS11	0.2511
			关注运输环保性	0.1667	BS12	0.5061
					BS13	0.4939
			关注护理环保性	0.1667	BS14	0.5237
					BS15	0.4763
			关注回收环保性	0.1667	BS16	0.3173
					BS17	0.3301
					BS18	0.3526

续表

目标层	一级指标		二级指标		三级指标	
	名称	权重	名称	权重	名称	权重
服装绿色消费评价指标体系	行为方式	0.3383	信息获取	0.4074	IA1	0.2205
					IA2	0.2642
					IA3	0.2599
					IA4	0.2554
			购买与穿着	0.2448	PW1	0.1731
					PW2	0.1386
					PW5	0.2435
					PW6	0.2396
					PW7	0.2052
			旧衣处置	0.3477	DP2	0.2377
					DP3	0.2721
					DP4	0.2574
					DP5	0.2328

第五章　绿色消费传播策略研究

通过对现有绿色消费传播策略的分析，目前在网络内容形式多元化、强调细节贴近生活、结合地区特点、关注不同群体等方面的传播现状，符合大众认知特征中媒介偏好、地区因素、年龄因素、群体偏好等方面，但在内容覆盖多平台的同时也存在热度不足的现象；在政府政策制定逐渐完善的同时也存在对政策曲解、误解的问题；在线上线下联动的同时也存在知识、感知效力不足等问题。

一、绿色消费传播现状

（一）渠道现状

1.内容覆盖多平台

目前大众对于绿色消费的信息来源更倾向于新媒体渠道，本研究主要针对新媒体平台的可量化数据进行整理分析。以"绿色消费"为关键词在各大新媒体平台进行搜索计量，计量条件为：标题中出现"绿色消费"。如表5-1所示，本书对不同平台以"绿色消费"为关键词进行搜索，统计各类型样本数量、整理其发布的时间跨度。

表5-1　网络媒体平台绿色消费信息构建表征分析

采样平台	样本类型	样本量	时间跨度
中国政府网	文件	12条	2006年1月1日—2023年12月31日
	公报	1条	2006年1月1日—2023年12月31日
	全部	41条	2006年1月1日—2023年12月31日
新浪微博	热门话题 #绿色消费#	5180.2万 （阅读量）	2016年1月1日—2024年6月20日
微信	公众号	76个	—
小红书	视频+图文	36万+	—
抖音短视频平台	话题 #绿色消费	675.4万 （播放量）	2020年10月1日—2024年6月20日
哔哩哔哩	视频	1000条	2016年1月1日—2024年6月20日
	专栏	224条	2016年1月1日—2024年6月20日

数据来源　各官方网站平台。

通过表格中信息可以看出，多数平台的绿色消费内容时间跨度较大、内容较少、讨论热度偏低，无法为议题提供良好的传播推广环境，阻碍大众参与到环保信息的传播与分享之中。

2.政府政策制定逐步完善

在推行绿色消费的宣传中，我国政府在衣、食、住、行、用方面均有规定或规范。

对于能够减少成本的环保政策，消费者普遍表示接受，但消费者对于影响其生活便利性、却无法及时看到回报的措施报以"与己无关"的心态，且普遍认为环保是政府的责任。这些都是因无法感知自身行为带来的长远效益而会产生的偏见、误解。

3.线上线下联动

面对政府的政策、媒体的关注、社会的舆论，企业作为资源配置的重要环节，是绿色消费的三大主体之一，发挥着基础性作用。企业通过自身影响力，充分利用移动网络进行绿色消费观念传播，可以通过一小部分人的模仿、追随，引发消费者的从众心理，从而产生某一场景下大规模的流行。2018年，全国绿化委员会办公室、中国绿色基金会与蚂蚁金服签署战略合作协议，将"互联网+"植树模式纳入国家义务植树体系。"蚂蚁森林"实质上是个人碳账户平台，用户可以了解绿色生活方式与碳排放的关系，通过手机支付、在线缴费、乘坐公共交通等方式记录个人的碳足迹，通过"领取小苗"、收集"绿色能量"、用"绿色能量"兑换不同种类的树苗。待虚拟树长成后，蚂蚁金服和其公益合作伙伴会在中国西部荒漠中种下一棵真实的树，用户在线完成3棵树的种植过程后会得到全国绿化委员会办公室和中国绿色基金会颁发的《全民义务植树尽责证书》。据内蒙古自治区林草局统计，2016年以来，蚂蚁集团通过"蚂蚁森林"公益造林项目，已为内蒙古各地的生态治理累计捐资超过10亿元，在阿拉善盟、鄂尔多斯市、巴彦淖尔市、呼和浩特市、乌兰察布市、兴安盟、赤峰市、通辽市、锡林郭勒盟9个盟市的35个旗县区，种下梭梭、沙柳、花棒、沙棘、红柳、杨柴、柠条、榆树、樟子松、云杉、胡杨等树种超过两亿株，总面积超过200万亩。至2023年8月，蚂蚁森林通过与20多家公益机构合作，进一步将生态保护修复的公益探索从陆地延伸到了海洋，已经种下了4.75亿棵树、6660万株海草，修复海草床1000亩，完成鳗草培育种植6660万株、秋茄种植272万株，修复红树林2000亩。参与共建了31个自然保护地，陆续支持了内蒙古、甘肃等22个省（自治区）的生态建设，见证6亿以上人绿色低碳生活。

（二）内容现状

1.网络内容形式多元化

以政府门户网站为代表的政务网站，多以文字形式，通过议程设置的形式将政策下达给大众。微博、微信、短视频等社交平台中的内容大多为图文、视频等形式，通过自媒体的视角科普绿色消费知识、解读国家政策、分享价值观。弱关系、泛社交平台在内容搭建上，通过设置话题引导流量，利用网络平台双向的传播特点，将更多元化的消费观展示给用户。在中视频、长视频平台，除了官方的新闻、视频，也有用户通过纪录片、动画短片、创意视频等形式展示自己对绿色消费的理解以及对绿色消费不同视角的探索与分享。知乎、知网等知识信息平台通过研究、问答、行业解读等方式对绿色消费有更精准细化的展开和科普。2021年4月，在中国绿色食品发展中心举办的"春风万里绿食有你"绿色食品宣传月中，绿色企业代表、微博大V与植物专家通过直播带货的形式介绍新疆绿色食品，收获200万观看和互动，在微博平台收获1.2亿阅读量，对消费者了解绿色食品、支持绿色食品企业发展有推动作用。

2.强调细节贴近生活

包含绿色消费信息或情节的影视剧呈现形式也日益多元化。影视剧通过艺术创作，带入人物、场景、剧情，用观众更易接受、更柔和的方式达到绿色消费科普讲解的效果。演员的人气、剧情的话题度、后期剪辑、二次创作等方式可以在互联网形成长尾效应，带动更多人观看并了解到相关知识。在电视剧《制作人》中，有一个场景：社区志愿者看到有人乱丢垃圾，在制止过程中通过台词告诉观众"食物垃圾是要用来制作家畜饲料的，而鸡蛋壳不能食用，所以是一般垃圾。"在第二个场景中，志愿者对女主角将"用过的卡式瓦斯罐底部扎孔丢弃，塑料瓶的包装纸和瓶盖分开丢弃，并将塑料瓶和易拉罐清洗干净再丢弃"，十分赞叹！志愿者还询问了女主角香蕉皮、花生壳等都属于什么类别的垃圾，女主角对答如流。

这两个场景，都采用连续性对白配合多个废弃物特写镜头，两组人物行为形成鲜明对比，在凸显人物性格、推动剧情发展的同时，生动表现了垃圾分类的细节。在近两年的国产影视作品中，例如《人民的名义》《阳光下的法庭》《大江大河》等优秀作品，观看者众多，引全民热议。这些优秀影视剧在弘扬主旋律的同时，也充分体现社会责任感，以浅显易懂的形式将生态环保知识传递给观众。

（三）活动现状

1.结合地区特点

以社区为单位开展绿色消费宣传活动，可充分利用社区资源、根据地区差异让活动更接地气，知识传播更口碑化，有效性更强，提高行动转化率。利用社区活动推广环保知识，是更有效、更精准、更因地制宜的方式。内蒙古乌海市乌达区滨海社区开展了"选择低碳出行，践行绿色消费"视频宣讲活动；福建省福州市晋安区景城社区开展了"文明用餐，绿色消费"知识科普活动；四川省成都市锦江区幸福社区开展了"绿色消费·你行动了吗？"志愿者宣传活动；天津市河西区儒林园社区组织了"绿色生产、绿色消费、绿色发展"绿色食品进社区宣传活动……由于环保主题宣传历史久，社区对于举办此类活动比较有经验，活动内容丰富，活动形式多样，居民参与度高。2019年开始，上海开始试点强制实行垃圾分类，推行"社区＋互联网＋垃圾分类"的模式，通过网上平台下单、社区人员上门回收以及铺设回收机等方式，建立更完善、更便捷的垃圾分类流程，鼓励更多市民参与到垃圾分类的活动中来。目前这一模式已逐步深入市民生活中，并在一定程度上提升了市民对垃圾分类的积极性，影响了市民的生活习惯以及垃圾分类习惯。

环保行为受群体压力影响。有研究显示，所处环境的群体压力对个体的绿色消费行为影响较小，但对个体绿色消费态度影响显著。人们的环保意识容易受周边人影响，在社区这样人员集中的场所组织绿色消费活动，更广泛更易落地，可以充分利用网络社群、人际传播等方式不断强化环境意识，强调绿色消费对环境保护的长远价值，培养可持续发展的观念。

2.影响更多群体

在泛娱乐化时代，电子游戏也是宣传环保的巨大媒介载体，玩家可以在游戏中了解环保知识、关注环境问题、增强生态意识。"玩游戏，救地球"是联合国环境规划署2019年9月在联合国气候峰会上发起的联盟组织，希望联合游戏行业力量共同提升公众的环保认知。2021年，腾讯集团天美游戏工作室加入该联盟，其旗下的游戏《天天爱消除》与中央广播电视总台华语环球节目中心《国家公园：野生动物王国》节目组联合推出了"天天助力，保护动物"野生动物保护公益小游戏。玩家可通过克服困难完成挑战拯救小动物，并在H5界面中学习野生动物保护知识。世界环境日期间，活动总曝光达1.5亿，超500万人（次）在游戏中在线"拯救"野生动物。

（四）大众绿色消费认知的社会价值

1.全面理解碳达峰、碳中和目标

2020年9月，中国明确提出"双碳"目标。"双碳"目标是以习近平同志为核心的党中央经过深思熟虑做出的重要决策，也是推动构建人类命运共同体的必然选择。

"十三五"期间，发展循环经济对我国碳减排的综合贡献率超过25%，由此可见，循环经济是我国碳减排目标的重要支撑。当前，我国正处在"十四五"起步阶段，是实现碳达峰、碳中和目标的关键时期。绿色低碳循环经济，是世界主要经济体应对全球资源环境危机的主要策略，也是保障国家资源安全的重要机制。《"十四五"循环经济发展规划》是我国实现双碳目标的重要支撑；走低碳经济发展路线，是我国"十四五"规划的重要资源战略；高效、循环利用资源，是保障我国资源安全的重要途径。

供给侧为实现"双碳"目标，遵照国家绿色标准节能减排、绿色生产，需求侧也需提高思想意识。向大众倡导循环经济、普及绿色消费知识，提高绿色消费意识，有助于提升国民环保素质，为实现碳达峰、碳中和目标贡献群众力量。

2.从消费端推动环保行业革新与体系建设

通过大众绿色消费认知的分析，绝大多数消费者对绿色消费持赞成态度，但影响其绿色消费行为的关键因素之一是价格。出于绿色生产等环节的需要，对生产材料、生产工艺的更高标准会导致将最终成本转嫁给消费者。因此需促使企业在配合政策、环保产业链优化升级的同时调整价格，使绿色消费更便利、门槛降低。

提高大众绿色消费意识，C2B机制也将需求传导到上游产业，带动环保产业革新，行业间保持紧密合作，协同发展。把生态优势转化为发展优势，通过技术、行业变革减轻经济发展对环境的负面影响，降低环境治理费用，同时也可以提升大众对绿色消费行业的信任与信心。

3.人与自然和谐共生

2021年世界环境日的中国主题为"人与自然和谐共生"。《中华人民共和国国民经济和社会发展第十四个五年规划和2035年远景目标纲要》对推动绿色发展、促进人与自然和谐共生作出一系列重大战略部署。2021年10月12日，在昆明召开的《生物多样性公约》缔约方大会中，习近平总书记通过视频方式传达了地球生命共同体、国家生态文明建设以及人民福祉等各方面的目标、路径及重要意义。我国现已进入消费全面升级的阶段，改善大众消费习惯，合理利用资源推行负责任的消费、严谨的消费、平衡的消费；推进大众绿色消费认知的科普宣传，关注生态环境变化，宣扬勤俭节约的传统美德，反对、纠正贪婪浪费的奢靡之风。《"十四五"循环经济发展规划》首次增加"提升国民素质，促进人的全面发展"篇章，提升国民素质将会增强主观规范，而主观规范将进而影响绿色消费行为。

二、基于大众认知的绿色消费传播策略建议

（一）扭转错误认知

1.通过情感营销，对价值观进行合理引导

在大众认知中，价值观偏差会导致先占性判断问题，从而影响主观规范和绿色消费行为。消费行为学认为消费者对产品或服务的效果会进行预判，当实际效果超出预判效果会产生"满意"情感，情感会影响对该媒介的持续使用意愿，间接影响下一次消费行为的产生。因此，在绿色消费传播过程中，通过品牌的情感营销，引导树立正确的环境观念、消费观念，扭转错误认知。

完善服务体验。二手物品交易是绿色消费中的重要一环，符合"重复使用，多次利

用"原则。"多抓鱼商店"成立于2014年，起初主要业务是二手书交易，现逐渐定位为生活耐用品循环商店。卖家用户扫描闲置书籍的ISBN条码，设置价格并下单，平台提供免费快递上门服务，收到后进行人工审核，审核通过后即刻打款。平台将收集来的二手书进行品相分级、清洁、翻新、消毒、塑封，再释放到平台进行二次销售。对于买家用户而言，收到的将是新书一样的二手书。从行为心理学上看，这些让卖家省心、买家放心的操作可以降低用户的损失厌恶，让买卖双方都觉得"赚到了"，产生"满意"情感，提升对品牌的好感度，转变对二手物品交易的固有认知。

重视情感满足。受消费主义、面子主义等价值观念影响，部分消费者会对二手物品交易有戒备心理和认知偏差，出于交易风险、讨价还价等考量对二手物品交易流程有一定刻板印象。在"多抓鱼商店"案例中，利用完善的服务实现情感营销，缓解了买卖双方对于传统二手物品交易过程的不安感，扭转了二手物品交易的错误认知，提升了用户对于交易平台、二手物品甚至循环经济的期待与信心。

重视活动氛围营造。多抓鱼在2021年举办了线下慢闪活动，老厂房、工业风格、喷漆标语和陈列的老式物件等复古元素堆砌，仿佛穿越回二三十年前，消费者会在复古氛围中重新发现二手物品的美感。

满足消费者的分享需求。精心陈列布置的20世纪90年代、千禧年代复古风收到消费者青睐，纷纷拍照打卡，并上传到小红书、微博等平台，受到追捧，形成风潮，引发对品牌以及二手物品交易的关注。

2.通过企业宣传，引导正确理解政策

在大众认知中，对政策的曲解、误解可能导致先占性判断问题，从而影响绿色消费动机。商家在响应国家环保政策时，通过技术升级或限制供应，使其消费者进行不同程度、主动或被动的绿色消费行为，引发群体对环境问题的关注，培养群体绿色消费意识，扭转对政策的错误解读。餐饮行业分布广泛且顾客构成复杂，因此，其环保举措会影响到更多人的观念和意识，故本小节将以"餐饮行业限塑令"为典型案例进行分析。根据《关于进一步加强塑料污染治理的意见》，2021年1月1日起，全国范围内餐饮行业禁止使用不可降解的一次性塑料吸管。出于成本考虑，各大茶饮品牌推出纸吸管替代传统吸管，而纸吸管泡久易烂、有异味的特点影响饮品体验感，被消费者吐槽，表示支持环保但不应当"一刀切"禁止。

宣传技术升级。星巴克在"限塑令"实施后为购买热饮的顾客提供直饮杯盖或店用杯，为购买冷饮的顾客提供"渣渣管"——利用萃取后的咖啡渣和PLA（聚乳酸）制成的可降解吸管，4个月内降解率可达90%以上。"渣渣管"技术成本更高但相较纸吸管而言更结实、耐搅拌、不易粘嘴，消费者普遍表示"渣渣管"口感更好，并在了解到是使用咖啡渣制作的环保吸管表示支持。商家在遵循政策的同时，通过技术升级改进吸管口

感，使消费者通过商家宣传更好地理解政策、消除对政策的误解，培养绿色消费意识和绿色消费习惯，同时推动商家绿色供给，形成良性发展。

宣传更直观的数字。信息传递的形式越直观就越有效率，越能带动认知积极性。麦当劳称，在中国范围内改用无吸管盖杯、木勺等替代塑料制品，预计每年约减少400吨塑料用量。星巴克为自带杯的顾客提供环保折扣，2020年中国范围内共售出335万杯自带杯饮品。直观的数字更具体、更有说服力、更易于表达企业行为所承载的环保价值。

提供引导服务。在《上海市生活垃圾管理条例》正式施行后，麦当劳将店内垃圾桶分为：水和冰块、塑料废弃物、食物残渣和干垃圾。店员会指导顾客正确投放垃圾，强化垃圾分类意识。像麦当劳这样的连锁餐厅，市民消费频率高，其标准化的容器配置、宣传引导以及分类效果能起到较好的宣传示范效应。

（二）强化已有认知

1. 通过产品价值观，增强消费者感知效力

在绿色消费相关的大众认知特征中，由于自身行为对环境影响的感知力不足，缺乏获得感导致先占性判断问题。当消费成为人们获得认同感和存在感的方式后，产品被赋予了更多精神价值，因此产品中应当包含对消费者价值观的理性引导、企业环境责任的体现和消费者感知效力的传达。

注重传播的长尾效应。在日本进入第四消费时代后，人们开始关心"除了物质以外什么才能让人更幸福"，日本的年轻人开始选择"去繁为简"的生活方式，开始考虑"我需要怎样的生活"。这种意识也出现在一些影视剧中，在中国观众中引发热议。"断舍离""谨慎的消费""平衡的消费"一度成为热点话题，很多网友在社交媒体上分享自己的理解与践行方式。这些热点话题作为已形成的初级认知，在长尾效应中继续深化，形成榜样，引发模仿，造成流行，并传达这种行为背后的环境贡献与社会意义，强调获得感。

传递产品价值观。少即是多（Less is more），是20世纪初现代主义建筑设计大师路德维希·密斯·凡德罗（Ludwig Mies van der Rohe）提出的设计理念。他提倡一种简单的、反对过度装饰的设计思想，认为简单的东西往往能带给人更多的享受。"少即是多"通过关注设计理念、强调设计要以"少"的倾向性提供"多"的适应范围，在满足使用需求的同时减少不必要的材料、工艺、人力等各方面的消耗，用更低的成本、更先进的技术，设计出满足基本功能需求、无不必要装饰的产品，引导大众进行更负责任的消费。在绿色消费传播中，要让大众意识到"少即是多"不只意味着减少，也是功能性设计的灵活性和其所蕴含的想象空间的体现，其背后还蕴藏了技术升级、环境意识、社会责任等价值。

培养审美意识。在强调功能性、实用性的同时关注产品美感，培养消费者的审美意识以及消费价值取向。无印良品在设计上不追逐流行趋势，注重淳朴、简洁、环保、以人为本等理念，通过对设计原则的坚持，形成独特的品牌调性，受到消费者喜爱。

优化产品性能。苹果公司致力于极简设计，通过不断简化产品外观、减少包装所用塑料、优化产品性能、降低产品能耗，与消费者共同承担环保责任，并将其作为品牌文化传播的一部分进行绿色营销（图5-1），展现品牌社会责任感的同时也增强消费者的行为感知力。

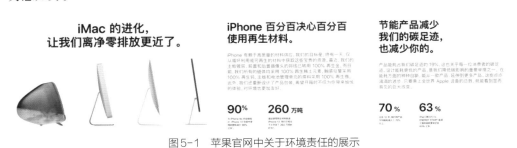

图5-1　苹果官网中关于环境责任的展示

2. 通过持续开展环境教育，强化环境意识

在绿色消费相关的认知特征中，大众普遍对环保表示支持，但由于环境知识的不足或偏差，环境意识不强，导致先占性判断问题。环境教育在注重高素质人才培养的同时，也应当面向全社会，共同强化环境意识问题导向，例如通过网络、电视对环境不友好现象、自然灾害进行报道，引发关注的同时强化知识渗透与思想引导，培养全民环保意识。

结合社会热点。2020年初，新型冠状病毒肺炎疫情的蔓延、世界各地发生的山火、水灾、蝗灾等各类自然灾害，以及2021年全国各地发生了多次暴雨、洪涝灾害，均对人民的生产生活造成了巨大影响。在汲取惨痛经验教训的同时，应借助时事话题的热度对其背后的环境问题进行教育传播。央视新闻通过微博平台发布了"专家解读：#今年黄河秋汛为什么这样猛#"的视频微博，从专业视角对灾害形成原因进行解读，强调环境问题与社会问题息息相关，与区域发展密不可分，强化"环境忧患"意识，对人类行为可能给自然界造成的结果，提倡合理利用自然资源，保持生态平衡。

强化环境意识的主体对象。校园作为传播文化的重要场所，也是学生树立正确的道德观、价值观，增强社会责任感重要途径。通过国家出台政策引导教育系统与环保产业紧密融合，提倡鼓励学校开展绿色教育，统筹相关行业、企业与学校教育积极融合，帮助学生学习环保知识、树立正确的消费观、培养可持续的环境价值观，是可持续发展战略的具体体现。

加大政策扶持。2021年7月15日，教育部制定了《高等学校碳中和科技创新行动计划》，主要内容包括培养碳中和人才、推动科学技术创新、构建绿色低碳市场体系等方面，是为实现2030年前碳达峰及2060年前碳中和所做的重大战略部署。

改进教育方式。环境教育日趋低龄化，在儿童环境教育中，增强环境意识的同时也要对儿童的同理心进行培养，强化学生群体环境意识的精神动力，发扬"前人种树、后人乘凉"精神。强调全民行动，"我们每个人都是乘凉者，但更要做种树者"。

（三）拓宽认知广度

1.通过向社交媒体赋权，增加知识获取渠道

在绿色消费相关的大众认知特征中，获取信息受到媒体推送机制影响，造成大众选择性接收信息。然而相较于娱乐、社会时事等热门领域，大众对于环保、绿色消费相关话题的重视程度低或热度冷却较快，导致环保信息的能见度低，关注度无法满足普及需要。需向社交媒体赋权，让信息传播效率更高、成本更低，利用网络技术和社交媒体的优势，量化、控制传播的速度、范围，使信息传播效果可视化，通过双向传播使对话更平等，增强互动及有效反馈。

发挥媒介的教育功能。利用专业账号对环保议题的背景进行介绍、对内容充分解读，对其具有的社会价值、消费者可以怎样做等方面信息进行传播与分享。以非营利机构"亚洲清洁空气中心"的微博账号为例，2021年9月7日其发布了图文微博，用漫画向网友讲述关于好空气的误解——从解释蓝天白云不等于好空气、到空气污染对健康的危害、再到强化个体行为感知力，在讲解环境方面的科学信息同时也为个人提供了可行化建议。

开展主题活动。"亚洲清洁空气中心"在微博中开展#添蓝空气#"我有一计"活动，号召网友带话题转发评论，分享自己关于推动清洁空气的好点子，有机会获得惊喜大礼包。利用社交媒体推动信息进一步扩散传播。

构建媒体公信力。通过官方账号、专业账号输出正确的知识可以减去用户筛选、分辨信息的过程，有效获取帮助信息，在媒介中进行正强化宣传，激活启动受者认知图式，学习新的行为模式，对人的社会化和社会人格的形成具有重要作用。

找准着力点。要注意信息社交媒体去中心化的同时也要防止无中心化、信息冗余。过量的信息会对缺乏知识的用户产生阻碍，无法分辨获取正确信息；要利用社交媒体优势由信息无差别传播转向个性化、针对性的精准传播。

2.通过简化信息传递形式，帮助接收新知识

在绿色消费相关的大众认知特征中，接收新观念时要简化形式加深印象。认知结构具有层次性的特点，即基于认知的广度和深度呈阶梯状层级递进，需要增强媒介内容的可理解度以提升受者对传播内容的接受度。通过对绿色消费知识进行简洁而准确的传

达，对消费者进行绿色消费给予人文关怀，提升消费者绿色消费意愿，帮助绿色消费知识有效传递，促成绿色消费行为。

提供解决方案。2021年2月，宜家为自家产品推出了《拆卸说明书》，意在帮助顾客正确、高效地自行拆卸家具，在减少家具磨损的同时，增加其使用寿命。同年8月，宜家又推出12款家具的《二次改造说明书》，指导顾客将已购产品进行简单改造，成为具有另一种功能的新产品，为顾客提供了家具可持续使用的解决方案。

优化宣传设计。宜家的家具说明书全球通用，却几乎没有文字，这是秉承着清晰性和连续性的设计宗旨对安装流程反复试验最终将说明书页面提炼优化的结果。在保证安装准确性的同时，还省去了译制各国语言需要的时间和成本，也在环保方面成为优势。《拆卸说明书》在方便顾客拆解和搬运家具的同时，也为家具的二次买卖提供了支持和保障，在宣传宜家品牌产品便利性的同时也在引导顾客重复使用、多次利用，进行绿色消费。

关注同理心。宜家将其产品设计的极简风格运用到说明书设计中，配合其品牌的卡通形象Gubbe，从富含同理心的视角，以没有文字却又清晰准确的表达方式达到指导顾客安装家具的目的。

以标准形式表达。我国电器上的能效等级标签从耗能低到耗能高分为一至三级或五级，一级为最节能。地球基金会在2021年秋推出的生态足迹标签体系在标签中展示了产品全生命周期的碳足迹。这两个案例通过简单明确的环保信息展示，突出重点，对购买该品类商品的群体从认知层面对绿色消费理念进行普及与加强。

三、绿色生活方式传播方案设计

（一）作品主题

《绿话》挖掘、整理北京某社区居民对绿色、环保的认知并以此为设计核心，将认知以话语的形式表达、展示、传播，使人人都成为绿色生活方式的传播者，让绿色成为社区居民的生活方式。该作品是基于论文研究方向的细化、深入实践，想通过对作者所居住的社区内的居民进行调研，了解他们对于环保、绿色消费、循环经济等问题的了解和看法，收集他们的信息，对该社区的环保宣传、绿色生活方式的传播作出详细的、有针对性的传播方案。

通过在小区设置宣传物料，以及对社区工作人员进行知识培训，使小区居民对环保、绿色消费等相关概念更加了解，通过日常生活中的渗透，形成"沉浸式"的传播效果，普及环保认知，强化环保理念，培养绿色生活方式。

《绿话》通过对认知的陈述，试图引起人们对环保议题的关注，反思自己在绿色生活方式上存在的问题，也想通过本次设计传达"环保不等于不消费，而是更谨慎、更平衡的消费""微小的、可实现的变化正在帮助减轻特定消费形式对环境产生的特定影响"等观点，帮助居民更有信心地、更有自我感知力地，共同为实现"双碳"目标作出个人贡献。

该社区位于北京市石景山区，坐落在翠微山下，永定河引水渠旁，管辖面积近两平方公里，居住着近三千名居民。社区依山傍水、生活便利，本设计希望通过结合社区实际情况，了解社区实际需求，为社区提供绿色生活方式传播方案（图5-2）。

图5-2 翠微山、永定河

（二）设计构思

认知调研与认知展示。对该社区中随机遇到的20位居民进行提问，与他们进行简单交谈，了解他们对绿色生活方式以及环保话题的认知，并通过其他问题了解其日常生活中的环保行为以及不环保行为。由于本次传播设计的重点在于直观地展示认知，故而将认知概括为"我知道""我不知道""我想知道"三句话进行展示，结合居民的生活影像，展示其个人的绿色环保相关认知。

制订传播方案。整合对社区居民的调研结果以及研究中对绿色消费相关的大众认知特征总结，根据社区的基础设施情况制订传播方案。通过大量投放主视觉设计，让居民随处可见绿"话"，从而传播认知、影响认知，让收集到的居民环保认知引起其他居民对绿色、环保的关注和思考，让居民成为绿色环保的传播者。

后续活动设计。将收集到的绿色消费认知进行展板展示，并收集现场观展观众认知，对观展人群的认知情况进行了解。举办旧物置换新品活动，宣传当下二手物品交易理念及主流二手物品交易方式。

（三）设计内容

1.主视觉设计

通过收集社区居民绿色环保相关认知的话语，进行艺术创作，以涂鸦的形式、简洁的语言、变换的场景展示认知，制成本次传播设计的主视觉设计——绿色印"话"（图5-3、图5-4）。简化、生活化、有共鸣，是该主视觉设计的主要诉求，希望设计作品能够容易认知、容易识别、容易记忆、容易传播。在主视觉中将正确的、错误的、模糊的认知一律进行展示，正确的认知需要被了解，错误的认知需要被审视，模糊的认知需要被思考。后续各种宣传物料也从主视觉中提取元素进行设计，将印"话"满印到相关物料中，渗透到居民日常生活中，实现"沉浸式"环保认知传播。

图5-3　主视觉设计图1

图5-4　主视觉设计图2

2.社区线下传播方案

社区中共有一个社区宣传栏，一个丰巢快递柜，一个菜鸟驿站，一个社区便民超市，各种商业设施十余家。社区内有11栋居民楼，25个单元门，50部电梯，每个单元门内有宣传栏一个，每部电梯内广告宣传位两个，电子宣传屏一个。在每部电梯框架广告宣传栏投放宣传单一张，在电子宣传屏投放动图海报，在海报的顶部和底部分别播放翠微山和永定河的影像资料。在丰巢快递柜投放电子屏宣传，主要内容为展示居民认知，并对错误认知进行纠正、对模糊认知进行加强、对正确认知予以肯定（图5-5）。

3.社区线上传播方案

社区范围内传播。由社区业主群管理员每周一至周日早上九点在群内发布低碳节能知识。小区业主群管理员周一至周日每晚九点在群内发布低碳节能问题，回答正确的前三位可以获得1元红包。小区业主群管理员每周日在群内发布宣传海报，业主将海报转发至朋友圈，集赞20个可以获得绿"话"周边奖品。

整合线上传播资源。利用社区、街道的微信公众号，发布本次传播策划方案，介绍居民绿色环保认知，展示绿"话"视觉设计，科普绿色环保相关内容，鼓励居民前来参加线下活动。鼓励居民在抖音、微博等媒体平台自己动手拍摄视频、发布图文展示社区风采，以图文、短视频的形式展示居民认知（图5-6）。

图5-5　蜂巢、电梯电子广告屏、广告位展示　　　　图5-6　微信互动展示

4.社区便民超市传播方案

对便民超市整体服务形象进行设计。为超市工作人员设计工作帽，在帽子前端进行印"话"设计，采用满印或单独加粗印"话"，帽子后面印有"绿话"的字样（图5-7、图5-8）。为超市工作人员设计工作围裙，以绿色印"话"为底，配以加粗印"话"进行突出展示（图5-9）。为超市设计环保购物袋，以满印印"话"、加粗标语进行设计（图5-10、图5-11）。设计超市促销海报底部印刷一句简单的低碳知识，如"日均少用一个塑料袋可减少33g碳排放"，随宣传单分发到居民家中（图5-12）。

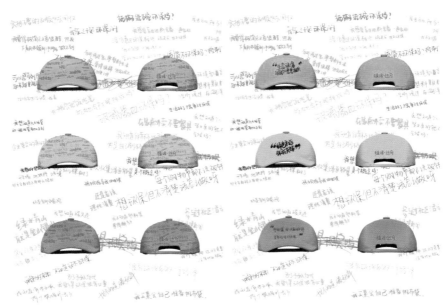

图5-7 帽子设计效果图

图5-8 帽子实物图

图5-9 围裙设计效果图　　　　图5-10 帆布袋设计效果图

图5-11　帆布袋实物图

图5-12　社区便民超市海报展示

5.社区服务站传播方案

为社区设计相关文创产品，如记事本、马克杯、信纸、便签本、纸巾盒、纸袋、抱枕等文化创意衍生品。居民来到社区服务站办理业务时，也可以在沉浸在绿"话"氛围中，让绿色环保认知更加深入人心，让社区服务站成为绿色环保的沉浸式体验场所。

设计方案和周边产品设计在展示之后赠送给社区，如图5-13所示。召集社区工作人员以及社区志愿者，对本社区的绿色生活方式调研进行汇报，并将相关绿色知识对工作人员等群体进行科普，将制定的传播方案进行汇报，解答工作人员问题，优先培养社区工作者的绿色环保意识，以辐射到其工作生活等方面，并为社区未来环保方面宣传奠定基础。

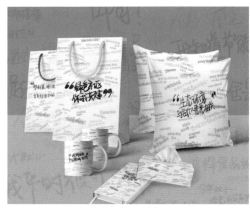

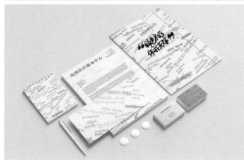

图5-13 社区服务站文创产品设计

图5-14 现场展台展示

（四）展览展示设计

展览现场的展板展示主要由引言、印"话"版社区地图、印"话"影像展示、印"话"海报展示、互动装置、社区文创产品设计展示等内容组成。展板前还布置了展台，台面上摆放了印"话"卡片，展台四周被印"话"环绕，带来强烈的视觉效果，与展板背景相呼应（图5-14）。

1.印"话"版地图

根据社区环境，设计社区印"话"版地图，制作成海报进行展示。通过地图可以看到小区各个居民楼及商户位置，也能看到居民的绿色环保认知，以绿色印"话"作为底色，融入社区地图中，整个社区仿佛置身绿"话"中。

2.印"话"影像展示

将收集到的绿色环保相关的居民认知进行整理，用黄色的"我"表示"我知道……"红色的"我"表示"我不知道……"蓝色的"我"表示"我想知道……"并结合被调查居民提供的生活照，整理成印"话"影像墙展示。

3.互动设计

在现场设置大屏，借助大屏对观展者提出一些绿色环保认知方面的问题，请观众根据自己的认知进行选择，对现场观众的认知程度进行收集。现场设置有互动界面二维码，观众可通过扫描二维码回答绿色环保相关问题上屏，获取绿色环保相关小知识，也可利用弹幕将自己的绿色环保心得与了解到的小知识分享给其他观展者（图5-15）。

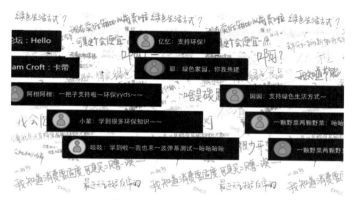

图5-15　大屏互动示意图

4.旧物换新品活动设计

在社区服务站前举办旧物换新品活动，在社区门口设置印有绿色印"话"的废旧物回收箱，居民可以将家中闲置或老旧损坏的服装、书籍、玩具、电子产品等二手物品，兑换印"话"帆布袋、印"话"帽子、印"话"笔记本等相关设计衍生品。在现场为居民进行知识科普，介绍当下主流的二手交易平台，以及当下的二手经济理念，在国家倡导循环经济的大背景下，呼吁人们重视环境问题，培养环境意识，增强环境认知，使本次传播设计更符合社会需求、给予社会能量。活动最后把回收到的旧衣物联系旧衣回收组织进行分类处理，如图5-16所示。

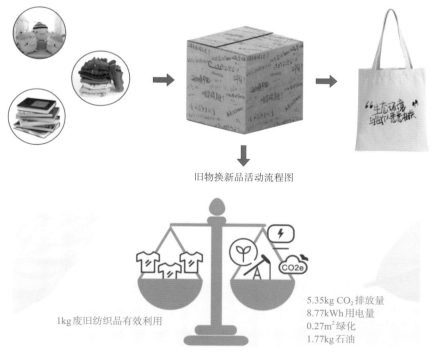

旧物换新品活动流程图

1kg废旧纺织品有效利用

5.35kg CO_2 排放量
8.77kWh 用电量
0.27m² 绿化
1.77kg 石油

图5-16　旧衣回收场景减排核算

（五）创新性说明

以居民环保认知为传播内容的核心，改变原有单纯宣传绿色知识的传播模式。将居民对绿色、环保的相关认知作为传播的出发点和落脚点，以更简化、生活化、有共鸣的信息作为传播核心，以更平等的视角进行内容输出。

收集整理居民对环保认知的话语，并以此作为核心的视觉符号进行延展设计。把居民的认知整理成涂鸦形式作为核心视觉，将其运用到各种物料的"底色"中进行设计，传播认知，了解认知，用认知影响认知。

从设计内容到传播形式都来自居民自己的表达，让社区绿"话"随处可见，使人人都成为传播者。传播内容中的主角是社区居民，接收传播内容的也是社区居民，用居民自己的话来讲述环保认知，更易于口碑传播。

沉浸式的传播方案设计，让绿色成为居民自觉的生活方式。从社区内到社区服务站、再到社区便民超市以及居民家中都有绿"话"出现，社区中绿"话""浓度"变高，通过在日常生活中反复出现，从而达到潜移默化影响居民生活方式以及环保认知的目的。

[1] 中国气象局气候变化中心. 中国气候变化蓝皮书（2023）[M]. 北京：科学出版社，2023.

[2] 中华人民共和国国务院新闻办公室. 新时代的中国绿色发展[M]. 北京：人民出版社，2023.

[3] 本刊资料库图. 中国纺织工业联合会会长孙瑞哲在2019中国时尚大会——全球峰会上的致辞[J]. 服装设计师，2019（10）：62-66.

[4] 唐毓. 消费者绿色消费行为影响因素研究[J]. 中国集体经济，2021（27）：59-60.

[5] 劳可夫. 消费者创新性对绿色消费行为的影响机制研究[J]. 南开管理评论，2013，16（4）：106-113，132.

[6] 丁志华. 绿色消费的实践发展和演变机制[J]. 人民论坛，2023（18）：36-39.

[7] 柳文海. 传统与时尚相融合的中国风格服装设计手法研究[J]. 文物鉴定与鉴赏，2019（15）：68-69.

[8] CONNELL K Y H. Internal and external barriers to eco-conscious apparel acquisition [J]. International Journal of Consumer Studies, 2010, 34(3):279-286.

[9] BECKER-LEIFHOLD C V. The role of values in collaborative fashion consumption-A critical investigation through the lenses of the theory of planned behavior[J]. Journal of Cleaner Production, 2018, 199: 781-791.

[10] CHI T, ZHENG Y W. Understanding environmentally friendly apparel consumption: An empirical study of Chinese consumers[J]. International Journal of Sustainable Society, 2016, 8(3): 206.

[11] 马本. 北京市生活垃圾分类政策工具选择的理论实践创新与完善建议[J]. 城市管理与科技，2021，22（4）：40-42.

[12] 王鹏. 基于北京市民垃圾分类的基本现状调研的政策建议[J]. 世界环境，2021（4）：53-56.

[13] 刘锦，何迎敏. 城市生活垃圾分类政策的发展演变与未来方向——基于广州的实践经验分析[J]. 探求，2021（4）：112-118.

[14] 余晓芸，钟蔚. 服装可持续因素探析[J]. 服饰导刊，2020，9（3）：58-64.

[15] 和嘉伟. 服装再利用中可持续消费观的构建与引导策略研究[D]. 西安：西安工程大学，2019.

[16] 梁建芳，程婉莹. 服装可持续消费行为的研究现状及困境分析[J]. 丝绸，2020，57（6）：24-31.

[17] 舒远招，杨月如. 绿色消费的哲学意蕴[J]. 消费经济，2001，17（6）：16-18.

[18] 徐和清. 发展绿色消费[J]. 消费经济，2001，17（2）：2.

[19] 熊汉富，陈新新. 绿色消费应当作全新的消费方式来把握[J]. 消费经济，2002，18（1）：40-42.

[20] 赵志耘. 大学生绿色消费模式研究——观念与行动[J]. 科技和产业，2010，10（6）：105-108.

[21] 白光林. 绿色消费认知、态度、行为及其相互影响[J]. 城市问题，2012（9）：66-70.

[22] 文启湘，文晖. 加快发展绿色消费——再论推进消费转型升级[J]. 消费经济，2017，33（1）：8-11.

[23] 范福军，钟建英. 绿色纺织服装[J]. 四川丝绸，2002（3）：23-25.

[24] 祖倚丹，冯爱芬，潘霞红，等. 绿色服装消费心理与行为的调查分析[J]. 河北工业科技，2007，24（3）：144-145，188.

[25] 张倩，韩燕. 绿色服装购买意愿及影响因素研究[J]. 丝绸，2013，50（12）：41-45.

[26] 钟娜娜. 绿色服装的市场因素分析[J]. 才智，2014（19）：5.

[27] 胡梦露. "融合"——禅宗理念在服装设计中的环保意识体现[D]. 天津：天津科技大学，2017.

[28] CHI T. Consumer perceived value of environmentally friendly apparel: An empirical study of Chinese consumers [J]. The Journal of the Textile Institute, 2015, 106(10): 1038-1050.

[29] 和嘉伟，梁建芳，彭欣桐，等. 服装可持续消费观分析[J]. 江南大学学报（自然科学版），2019，4（2）：184-188.

[30] 程婉莹，梁建芳，彭欣桐. 社交媒体中消费者绿色服装购买意愿分析[J]. 纺织高校基础科学学报，2020，33（1）：45-50.

[31] MARKKULA A, MOISANDER J. Discursive confusion over sustainable consumption：A discursive perspective on the perplexity of marketplace knowledge [J]. Journal of Consumer Policy, 2012, 35(1): 105-125.

[32] 眭晓慧. 消费者对绿色服装态度的影响因素研究[D]. 北京：北京服装学院，2013.

[33] LOREK S, FUCHS D. Strong sustainable consumption governance precondition for a degrowth path [J]. Journal of Cleaner Production, 2013, 38: 36-43.

[34] 杜鑫，韩燕. 基于结构方程模型的绿色服装购买行为研究[J]. 北京服装学院学报（自然科学版），2012，32（3）：57-62，74.

[35] 祖倚丹，冯爱芬，潘霞红，等. 绿色服装消费心理与行为的调查分析[J]. 河北工业科技，2007，24（3）：144-145，188.

[36] HARTMANN P, APAOLAZA IBÁÑEZ V, FORCADA SAINZ F J. Green branding effects on attitude: Functional versus emotional positioning strategies[J]. Marketing Intelligence & Planning, 2005, 23(1): 9-29.

[37] BANG H K, ELLINGER A E, HADJIMARCOU J, et al. Consumer concern, knowledge, belief, and attitude toward renewable energy: An application of the reasoned action theory [J]. Psychology and Marketing, 2000, 17(6): 449-468.

[38] HE X E, HONG T, LIU L, et al. A comparative study of environmental knowledge, attitudes and behaviors among university students in China [J]. International Research in Geographical and Environmental Education, 2011, 20(2): 91-104.

[39] 王可心. 北京千禧一代服装绿色消费行为研究 [D]. 北京：北京服装学院，2020.

[40] 赵宇. 基于绿色消费趋势下服装产品的绿色设计 [J]. 风景名胜，2019（10）：282.

[41] 王雅琦，宋珉荣，崔瑜花. 服装消费者的绿色消费行为的流行周期研究 [J]. 西部皮革，2018，40（6）：46.

[42] 魏山森，梁建芳. 新冠肺炎疫情对服装可持续消费关注度的影响——基于旧衣回收、旧衣改造和旧衣捐赠的百度指数分析 [J]. 丝绸，2021，58（12）：40-46.

[43] 曲静，李健民. 营销感知、矛盾态度与绿色消费决策的关系研究 [J]. 商业经济研究，2022（2）：82-85.

[44] 马慧芳，陈卫东. 生态文明建设与绿色消费行为：研究述评与展望 [J]. 贵州大学学报（社会科学版），2022，40（1）：32-40.

[45] 王正新，寿铭焕. 消费者环境知识对绿色消费意向的影响机制研究——基于感知有用性的中介效应分析 [J]. 浙江学刊，2022（1）：123-132.

[46] 和嘉伟，梁建芳，彭欣桐，等. 服装可持续消费观分析 [J]. 服装学报，2019，4（2）：184-188.

[47] 芈凌云. 城市居民低碳化能源消费行为及政策引导研究 [D]. 徐州：中国矿业大学，2011.

[48] 张倩，韩燕. 绿色服装购买意愿及影响因素研究 [J]. 丝绸，2013，50（12）：41-45.

[49] 国合会"绿色转型与可持续社会治理专题政策研究"课题组. 绿色消费在推动高质量发展中的作用 [J]. 中国环境管理，2020，12（1）：24-30.

[50] YAN L, KEH H T, WANG X Y. Powering sustainable consumption: The roles of green consumption values and power distance belief [J]. Journal of Business Ethics, 2021, 169(3): 499-516.

[51] 郭燕. 欧盟废旧纺织品回收再利用相关法规及现状分析 [J]. 再生资源与循环经济，2021，14（6）：41-44.

[52] 郭燕. 我国废旧纺织品回收利用企业自主创新现状分析 [J]. 再生资源与循环经济，2021，14（4）：16-20.

[53] 魏芯琪，韩越，张宇华，等. 北京市垃圾分类政策实施的阻碍与应对措施——以海淀区 X 社区和朝阳区 Y 社区为例 [J]. 现代营销（经营版），2021（5）：116-118.

[54] 李小龙，马调霞，李菲. 协同治理视域下我国城市生活垃圾分类治理推进路径研究 [J]. 长春师范大学学报，2021，40（5）：60-63.

[55] 杨崴，柳竞妍，陈培源，等. 社区垃圾分类情况调查及问题解决方案——以北京市为例 [J]. 农场经济管理，2021（6）：14-17.

[56] 谢秋山，杨旭. 垃圾分类政策缘何收效甚微？——基于1986—2019年中央政策文本的内容分析[J]. 中国公共政策评论，2021，19（2）：53-75.

[57] 刘佳佳，傅慧芳. 城市生活垃圾分类治理：政策过程与政策执行的多维分析——基于多案例的研究[J]. 青海社会科学，2021（5）：113-121.

[58] 刘佳佳. 国内城市生活垃圾分类政策执行经验及其启示[J]. 河北环境工程学院学报，2021，31（6）：83-86，91.

第三篇

文化消费篇

　　随着经济社会发展和收入水平提升，我国居民消费逐步由基本生存型向发展享受型升级，高层次、多方位、个性化的生活需要推动着文化消费向"品质型"转变，这就需要更多高质量文化元素的注入。

　　纺织非遗作为中国非物质文化遗产的重要组成部分，汇聚中华各民族世代相传的纺、染、织、绣、印手工技艺和民族服饰的历史文化精髓，传承着知识技艺，凝结着民族智慧，承载着文化精神，用丰富多彩的文化内涵和表达方式，为人们提供了身份认同、文化自信和情感延续。"纺织非遗＋"即是建立在纺织类非物质文化遗产资源利用基础上的一系列保护及创新活动，蕴含着丰富的文化价值和商业价值。非遗的融入，必然可以促进文化消费潜力充分释放，为经济高质量发展聚合强劲的"文化动力"。

　　北京作为首都，其政治、经济、文化背景吸引着国内外游客，从纺织非遗的角度探索北京文化消费提质路径、体验旅游升级的提质路径，能够充分挖掘和利用北京作为一个包容性、创新型国际大都市的文化创新能力和文化消费潜力，能够更好响应北京市"十四五"规划中关于文化产业的展望：将北京建设成一个具有国际竞争力的创新创意城市。北京，是完美契合"纺织非遗＋"文化价值和商业价值实现条件的最优沃土，它可以在文化上联结全国、辐射全世界，为各地的非物质文化遗产提供展示的舞台。研究北京"纺织非遗＋"文化消费路径及文化消费代表项目之一——体验旅游的提质生态系统、行动指南具有重要的理论和实践意义。

第六章　纺织非遗的价值内涵及商业价值实现

一、纺织非遗的价值内涵

（一）纺织非遗概述

非物质文化遗产（Intangible Cultural Heritage），是指各族人民世代相传，并视为其文化遗产组成部分的各种传统文化表现形式，以及与传统文化表现形式相关的实物和场所。非物质文化遗产是一个国家和民族历史文化成就的重要标志，是优秀传统文化的重要组成部分。

我国是一个民族众多、历史文化深厚的国家，异彩纷呈的民族文化是中华民族的标志之一。各民族在经济社会文化发展的过程中往来交流、相互吸收，千百年来融合成了灿烂多姿、底蕴深厚的中华文明，闪烁着人与群体、自然环境和谐发展的智慧。有些民族在某些方面积淀下来的知识、经验，甚至超越了现代的科学技术范畴，而有些民族保留下来的民间手工技艺则显示出与众不同的感悟和创新，这些无疑都是中华文明历史进程的结晶。

在非物质文化遗产中，纺织类非物质文化遗产既有复杂的工艺流程、独具特色的语言文字、异彩纷呈的艺术图案，也涉及历史悠久的风俗习惯。这些文化遗产凭借图案、故事、色彩等有形载体或组合来传神表达人们的价值追求、道德理想或生活向往，沉淀着深厚的文化意蕴，是民族团结的见证和维系国家统一的基础，具有极强的历史、文化与经济价值。传承与保护好我国纺织类非物质文化遗产，对弘扬中华民族文化、建设和谐社会、落实科学发展观具有重要的现实意义。

（二）纺织非遗名录梳理

1.国家级非物质文化遗产项目名录

国务院先后于2006年、2008年、2011年、2014年和2021公布了五批国家级项目名录，前三批名录名称为"国家级非物质文化遗产名录"，《中华人民共和国非物质文化遗产法》实施后，第四批名录名称改为"国家级非物质文化遗产代表性项目名录"，共计1557个国家级非物质文化遗产代表性项目，按照申报地区或单位进行逐一统计，共计3610个子项。为了对传承于不同区域或不同社区、群体持有的同一项非物质文化遗产项目进行确认和保护，从第二批国家级项目名录开始，设立了扩展项目名录，扩展项目与此前已列入国家级非物质文化遗产名录的同名项目共用一个项目编号。

国家级名录中，非物质文化遗产分为十大门类，其中五个门类的名称在2008年有所调整，并沿用至今。十大门类分别为：民间文学、传统音乐、传统舞蹈、传统戏剧、曲艺、传统体育及游艺与杂技、传统美术、传统技艺、传统医药、民俗。

2.纺织类国家级非物质文化遗产项目名录

在国务院公布的国家级非遗项目名录中，并没有对纺织类非遗项目进行单独分类，纺织类的非遗项目主要分布在传统美术、传统技艺、民俗三大类中。其中，传统美术类包括以刺绣、挑花为代表的各种刺绣技艺（图6-1），如苏绣、湘绣、蜀绣、粤绣以及少数民族刺绣；传统技艺类包括以织染、扎染、蜡染、缂丝等为代表的染织工艺（图6-2），如南通蓝印花布印染技艺、黄平蜡染技艺、云锦织造技艺；民俗类包括以民族服饰制作及布鞋制作技艺为主的服饰技艺，如蒙古族服饰、藏族服饰、苗族服饰、手工制鞋技艺等。

图6-1　湘绣（图片来源：湖南湘　　　图6-2　蜡染（图片来源：中南民族大学民族学博物馆
　　　　绣博物馆官网）　　　　　　　　　　　　　　官网）

（1）纺织类国家级非物质文化遗产项目所属类别分析

梳理分析纺织类国家级非遗项目可知，纺织类非遗项目主要分布在传统美术、传统技艺、民俗三大类中，其中，传统美术50项，传统技艺255项，民俗26项，详见表6-1～表6-3。

表6-1 纺织类非遗项目所属类别——传统美术

类别	纺织类非遗项目名称	批次	编号
传统美术	上海绒绣	3	Ⅶ-103
	宁波金银彩绣	3	Ⅶ-104
	瑶族刺绣	3	Ⅶ-105
	藏族编织、挑花刺绣工艺	3	Ⅶ-106
	侗族刺绣	3	Ⅶ-107
	锡伯族刺绣	3	Ⅶ-108
	京绣	4	Ⅶ-110
	布糊画	4	Ⅶ-111
	抽纱	4	Ⅶ-112
	蒙古族唐卡（马鬃绕线堆绣唐卡）	5	Ⅶ-124
	毛绣	5	Ⅶ-126
	发绣	5	Ⅶ-127
	厦门珠绣	5	Ⅶ-128
	鲁绣	5	Ⅶ-129
	彝族刺绣	5	Ⅶ-130
	布依族刺绣	5	Ⅶ-131
	藏族刺绣	5	Ⅶ-132
	哈萨克族刺绣	5	Ⅶ-133
	藏族唐卡	1、2、5	Ⅶ-14
	顾绣	1	Ⅶ-17
	苏绣	2、4、5	Ⅶ-18
	湘绣	1	Ⅶ-19
	粤绣	1、5	Ⅶ-20
	蜀绣	1、2	Ⅶ-21
	苗绣	1、2、3、5	Ⅶ-22
	水族马尾绣	1	Ⅶ-23
	土族盘绣	1	Ⅶ-24
	挑花	1、2、3、5	Ⅶ-25
	庆阳香包绣制	1	Ⅶ-26
	北京绢花	2	Ⅶ-70
	堆锦	2	Ⅶ-71
	湟中堆绣	2	Ⅶ-72
	瓯绣	2	Ⅶ-73
	汴绣	2	Ⅶ-74

续表

类别	纺织类非遗项目名称	批次	编号
传统美术	汉绣	2	Ⅶ-75
	羌族刺绣	2	Ⅶ-76
	民间绣活	2	Ⅶ-77
	彝族（撒尼）刺绣	2	Ⅶ-78
	维吾尔族刺绣	2	Ⅶ-79
	满族刺绣	2	Ⅶ-80
	蒙古族刺绣	2	Ⅶ-81
	柯尔克孜族刺绣	2	Ⅶ-82
	哈萨克毡绣和布绣	2	Ⅶ-83
	布老虎（黎侯虎）	2	Ⅶ-95

资料来源 中国非物质文化遗产网，由作者整理。

表6-2 纺织类非遗项目所属类别——传统技艺

类别	纺织类非遗项目名称	批次	编号
传统技艺	传统棉纺织技艺	2、3、4、5	Ⅷ-100
	毛纺织及擀制技艺	2、3、5	Ⅷ-101
	夏布织造技艺	2	Ⅷ-102
	鲁锦织造技艺	2	Ⅷ-103
	侗锦织造技艺	2	Ⅷ-104
	苗族织锦技艺	2	Ⅷ-105
	傣族织锦技艺	2	Ⅷ-106
	香云纱染整技艺	2	Ⅷ-107
	枫香印染技艺	2	Ⅷ-108
	新疆维吾尔族艾德莱斯绸织染技艺	2	Ⅷ-109
	地毯织造技艺	2、4、5	Ⅷ-110
	滩羊皮鞣制工艺	2、4	Ⅷ-111
	鄂伦春族狍皮制作技艺	2	Ⅷ-112
	盛锡福皮帽制作技艺	2	Ⅷ-113
	维吾尔族卡拉库尔胎羔皮帽制作技艺	2	Ⅷ-114
	手工制鞋技艺	3、5	Ⅷ-115
	南京云锦木机妆花手工织造技艺	1、3	Ⅷ-13
	宋锦织造技艺	1	Ⅷ-14

续表

类别	纺织类非遗项目名称	批次	编号
传统技艺	伞制作技艺	2、5	Ⅷ-140
	苏州缂丝织造技艺	1	Ⅷ-15
	蜀锦织造技艺	1	Ⅷ-16
	乌泥泾手工棉纺织技艺	1	Ⅷ-17
	土家族织锦技艺	1	Ⅷ-18
	黎族传统纺染织绣技艺	1	Ⅷ-19
	蓝夹缬技艺	3	Ⅷ-192
	中式服装制作技艺	3、5	Ⅷ-193
	藏族矿植物颜料制作技艺	3	Ⅷ-199
	壮族织锦技艺	1	Ⅷ-20
	藏族邦典、卡垫织造技艺	1	Ⅷ-21
	加牙藏族织毯技艺	1	Ⅷ-22
	维吾尔族花毡、印花布织染技艺	1	Ⅷ-23
	蓝印花布印染技艺	1、2、4	Ⅷ-24
	缂丝织造技艺（定州缂丝织造技艺）	5	Ⅷ-245
	花边制作技艺	5	Ⅷ-246
	彩带编织技艺	5	Ⅷ-247
	丝绸染织技艺	5	Ⅷ-248
	佤族织锦技艺	5	Ⅷ-249
	蜡染技艺	1、2、3、5	Ⅷ-25
	书画毡制作技艺	5	Ⅷ-256
	白族扎染技艺	1	Ⅷ-26
	宫廷传统囊匣制作技艺	5	Ⅷ-260
	传统帐篷编制技艺	5	Ⅷ-285
	剧装戏具制作技艺	1、2、5	Ⅷ-82
	黎族树皮布制作技艺	1	Ⅷ-84
	赫哲族鱼皮制作技艺	1	Ⅷ-85
	蚕丝织造技艺	2、3、4	Ⅷ-99

资料来源 中国非物质文化遗产网，由作者整理。

表6-3　纺织类非遗项目所属类别——民俗

类别	纺织类非遗项目名称	批次	编号
民俗	蒙古族服饰	2、4、5	X-108
	朝鲜族服饰	2	X-109
	畲族服饰	2	X-110
	黎族服饰	2	X-111
	珞巴族服饰	2	X-112
	藏族服饰	2、4	X-113
	裕固族服饰	2	X-114
	土族服饰	2	X-115
	撒拉族服饰	2	X-116
	维吾尔族服饰	2	X-117
	哈萨克族服饰	2	X-118
	塔吉克族服饰	3	X-144
	达斡尔族服饰	4	X-154
	鄂温克族服饰	4	X-155
	彝族服饰	4	X-156
	布依族服饰	4	X-157
	侗族服饰	4	X-158
	柯尔克孜族服饰	4	X-159
	传统服饰（赣南客家服饰）	5	X-182
	傣族服饰（花腰傣服饰）	5	X-183
	苏州甪直水乡妇女服饰	1	X-63
	惠安女服饰	1	X-64
	苗族服饰	1、2	X-65
	回族服饰	1	X-66
	瑶族服饰	1、4	X-67

资料来源　中国非物质文化遗产网，由作者整理。

从类别数量角度分析，全国纺织类非遗项目在传统美术类别中有50项，占比38%；传统技艺55项，占比42%；民俗仅26项，占比20%，前两项数量相差甚微，但民俗类相较于传统美术、传统技艺而言占比较少，主要集中分布在民族服饰中，种类内容限定相对稳定，在前两批之后的批次中增长较为缓慢，如图6-3所示。

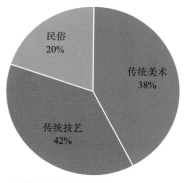

图6-3　纺织类非物质文化遗产类别占比（数据来源：
中国非物质文化遗产网，由作者整理）

　　第五批名录中纺织类非遗项目数量较之前的第三、第四批增长幅度较大，也从另一方面说明我国非遗项目开发和保护工作已经全面展开，为各地方政府根据实际情况对所在地的非遗资源进行开发和保护提供了非常宽松的政策环境和全面支持，有利于纺织类非遗项目的保护和传承，如图6-4所示。

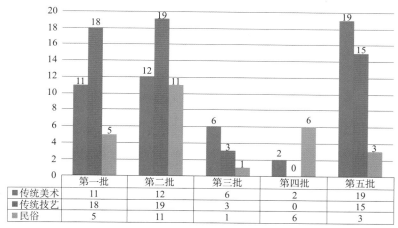

	第一批	第二批	第三批	第四批	第五批
■传统美术	11	12	6	2	19
■传统技艺	18	19	3	0	15
■民俗	5	11	1	6	3

图6-4　各批次纺织类非遗项目类别数量明细（数据来源：中国非物质文化遗产网，
由作者整理）

（2）纺织类国家级非物质文化遗产项目表现形式类别分析

　　《中国纺织非物质文化遗产发展报告（2017/2018）》提出可以按表现形式将纺织类非遗划分为四大类：第一类为苏绣、湘绣、蜀绣、粤绣以及少数民族刺绣为代表的刺绣技艺；第二类为蚕丝、棉麻、云锦织造等为代表的织造技艺；第三类为以蓝印花布、少数民族蜡染、扎染等为代表的印染技艺；第四类为蒙古族、苗族等少数民族服饰为代表的服饰技艺。本书在《中国纺织非物质文化遗产发展报告（2017/2018）》的相关类别分类基础之上将现有的纺织类非遗项目按照类别进行了更新整理。

具体而言，纺织类非遗项目包含四大类别的表现形式及不属于四大类的其他类别，共计五大类别：刺绣技艺、织造技艺、印染技艺、服装服饰以及其他技艺，部分项目包含多种表现形式，详见表6-4。

表6-4　纺织类国家级非遗项目表现形式分类

项目名称	编号	类别
上海绒绣	Ⅶ-103	刺绣
宁波金银彩绣	Ⅶ-104	刺绣
瑶族刺绣	Ⅶ-105	刺绣
藏族编织、挑花刺绣工艺	Ⅶ-106	刺绣
侗族刺绣	Ⅶ-107	刺绣
锡伯族刺绣	Ⅶ-108	刺绣
京绣	Ⅶ-110	刺绣
抽纱	Ⅶ-112	刺绣
蒙古族唐卡（马鬃绕线堆绣唐卡）	Ⅶ-124	刺绣
毛绣	Ⅶ-126	刺绣
发绣	Ⅶ-127	刺绣
厦门珠绣	Ⅶ-128	刺绣
鲁绣	Ⅶ-129	刺绣
彝族刺绣	Ⅶ-130	刺绣
布依族刺绣	Ⅶ-131	刺绣
藏族刺绣	Ⅶ-132	刺绣
哈萨克族刺绣	Ⅶ-133	刺绣
藏族唐卡	Ⅶ-14	刺绣
顾绣	Ⅶ-17	刺绣
苏绣	Ⅶ-18	刺绣
湘绣	Ⅶ-19	刺绣
粤绣	Ⅶ-20	刺绣
蜀绣	Ⅶ-21	刺绣
苗绣	Ⅶ-22	刺绣
水族马尾绣	Ⅶ-23	刺绣
土族盘绣	Ⅶ-24	刺绣
挑花	Ⅶ-25	刺绣
庆阳香包绣制	Ⅶ-26	刺绣
瓯绣	Ⅶ-73	刺绣

续表

项目名称	编号	类别
汴绣	Ⅶ-74	刺绣
汉绣	Ⅶ-75	刺绣
羌族刺绣	Ⅶ-76	刺绣
民间绣活	Ⅶ-77	刺绣
彝族（撒尼）刺绣	Ⅶ-78	刺绣
维吾尔族刺绣	Ⅶ-79	刺绣
满族刺绣	Ⅶ-80	刺绣
蒙古族刺绣	Ⅶ-81	刺绣
柯尔克孜族刺绣	Ⅶ-82	刺绣
哈萨克毡绣和布绣	Ⅶ-83	刺绣
花边制作技艺	Ⅷ-246	刺绣、织造
黎族传统纺染织绣技艺	Ⅷ-19	刺绣、织造、印染
传统棉纺织技艺	Ⅷ-100	织造
毛纺织及擀制技艺	Ⅷ-101	织造
夏布织造技艺	Ⅷ-102	织造
鲁锦织造技艺	Ⅷ-103	织造
侗锦织造技艺	Ⅷ-104	织造
傣族织锦技艺	Ⅷ-106	织造
地毯织造技艺	Ⅷ-110	织造
南京云锦木机妆花手工织造技艺	Ⅷ-13	织造
宋锦织造技艺	Ⅷ-14	织造
苏州缂丝织造技艺	Ⅷ-15	织造
蜀锦织造技艺	Ⅷ-16	织造
乌泥泾手工棉纺织技艺	Ⅷ-17	织造
土家族织锦技艺	Ⅷ-18	织造
壮族织锦技艺	Ⅷ-20	织造
藏族邦典、卡垫织造技艺	Ⅷ-21	织造
加牙藏族织毯技艺	Ⅷ-22	织造
缂丝织造技艺（定州缂丝织造技艺）	Ⅷ-245	织造
彩带编织技艺	Ⅷ-247	织造
佤族织锦技艺	Ⅷ-249	织造
书画毡制作技艺	Ⅷ-256	织造
宫廷传统囊匣制作技艺	Ⅷ-260	织造

续表

项目名称	编号	类别
传统帐篷编制技艺	Ⅷ-287	织造
蚕丝织造技艺	Ⅷ-99	织造
新疆维吾尔族艾德莱斯绸织染技艺	Ⅷ-109	织造、印染
维吾尔族花毡、印花布织染技艺	Ⅷ-23	织造、印染
丝绸染织技艺	Ⅷ-248	织造、印染
盛锡福皮帽制作技艺	Ⅷ-113	服装服饰
维吾尔族卡拉库尔胎羔皮帽制作技艺	Ⅷ-114	服装服饰
手工制鞋技艺	Ⅷ-115	服装服饰
中式服装制作技艺	Ⅷ-193	服装服饰
剧装戏具制作技艺	Ⅷ-82	服装服饰
蒙古族服饰	X-108	服装服饰
朝鲜族服饰	X-109	服装服饰
畲族服饰	X-110	服装服饰
黎族服饰	X-111	服装服饰
珞巴族服饰	X-112	服装服饰
藏族服饰	X-113	服装服饰
裕固族服饰	X-114	服装服饰
土族服饰	X-115	服装服饰
撒拉族服饰	X-116	服装服饰
维吾尔族服饰	X-117	服装服饰
哈萨克族服饰	X-118	服装服饰
塔吉克族服饰	X-144	服装服饰
达斡尔族服饰	X-154	服装服饰
鄂温克族服饰	X-155	服装服饰
彝族服饰	X-156	服装服饰
布依族服饰	X-157	服装服饰
侗族服饰	X-158	服装服饰
柯尔克孜族服饰	X-159	服装服饰
传统服饰（赣南客家服饰）	X-182	服装服饰
傣族服饰（花腰傣服饰）	X-183	服装服饰
苏州角直水乡妇女服饰	X-63	服装服饰
惠安女服饰	X-64	服装服饰
苗族服饰	X-65	服装服饰

项目名称	编号	类别
回族服饰	X-66	服装服饰
瑶族服饰	X-67	服装服饰
苗族织锦技艺	Ⅷ-105	印染
香云纱染整技艺	Ⅷ-107	印染
枫香印染技艺	Ⅷ-108	印染
蓝夹缬技艺	Ⅷ-192	印染
藏族矿植物颜料制作技艺	Ⅷ-199	印染
蓝印花布印染技艺	Ⅷ-24	印染
蜡染技艺	Ⅷ-25	印染
白族扎染技艺	Ⅷ-26	印染
布糊画	Ⅶ-111	其他
北京绢花	Ⅶ-70	其他
堆锦	Ⅶ-71	其他
湟中堆绣	Ⅶ-72	其他
布老虎（黎侯虎）	Ⅶ-95	其他
滩羊皮鞣制工艺	Ⅷ-111	其他
鄂伦春族狍皮制作技艺	Ⅷ-112	其他
伞制作技艺	Ⅷ-140	其他
黎族树皮布制作技艺	Ⅷ-84	其他
赫哲族鱼皮制作技艺	Ⅷ-85	其他

资料来源 中国非物质文化遗产网，由作者整理。

从行业分类数量角度分析，纺织类非遗项目中刺绣技艺占比34%，织造技艺占比23%，印染技艺占比10%，服装服饰占比25%，其他技艺占比8%，如图6-5所示。其中，部分项目有交叉，如黎族传统纺染织绣技艺，包含刺绣、织造、印染等技艺。

3.纺织类国家级非物质文化遗产项目技艺简述

纺织类非物质文化遗产经过几千年的发展演变，形成了品种多样、工艺精湛、元素丰富、技艺与文化相融合的典型门类，具体

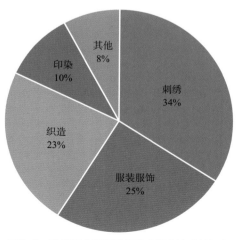

图6-5 纺织类非遗项目行业分类占比（数据来源：中国非物质文化遗产网，由作者整理）

描述如下：

刺绣技艺：刺绣，古代称为针绣，是用绣针引彩线，将设计的花纹在纺织品上刺绣运针，以绣迹构成花纹图案的一种工艺，是中国民间重要的传统手工艺之一，在我国已有两千多年历史，主要包括苏绣、湘绣、蜀绣和粤绣四大门类。

织造技艺：主要以各种织布、织锦、织棉技艺为主，大部分门类如宋锦、香云纱、蜀锦等制作工艺繁杂考究，对传统手工制作的依赖程度较大，并具有一定的地区性限制，跨地区制作展示的难度较大。

服装服饰：以各少数民族服装服饰及其制作为主，特点是各民族特色的服装样式、配饰和文化符号、花纹的结合，表现力较其他品类更强。

印染技艺：运用染整技术将花型图案、各类色彩完美地呈现在织物上，使织物更加富于艺术气息，在我国历史十分悠久，技艺普及度较高，但是由于染料制作及处理工序复杂，一般只适合成品参展，在制作过程展示和体验操作方面有一定的难度。

其他技艺：主要是各种皮制品、布偶、布画、绸伞等服饰配件、功能性纺织周边物品的制作技艺，整体内容偏功能性、实用性，品类和设计元素可多样化、个性化，大部分项目都具备现场制作的展示空间。

（三）纺织非遗的基本特点

由于每项非物质文化遗产都有着与其他类别项目不同的特点，我们开展保护和传承工作，首先应研究、了解和掌握各个项目类别的特点，因类制宜，采取有针对性的措施，这样才能真正取得生产性保护的实效成果，从而实现非遗的商业价值。作为在传统技艺、传统美术类别中占比较大的纺织类非遗项目具有以下显著特点：

一是种类丰富、特色鲜明。纺织非遗项目是非物质文化遗产中种类最丰富的一种，具有鲜明的纺织文化特色。

二是精工细作、彰显个性。纺织非遗技艺的主要内容就是极具个性和创新的手工艺制作，跟随着生活方式和消费结构的更新换代，传统非遗技艺也逐步发展为满足高品质、多属性、个性化消费要求的体验型技艺。

三是亲和百姓、融合生活。衣食住行，以衣为先，纺织非遗项目与百姓生活具有密切联系并且不断深化融合，通过家用纺织品、衣着服饰、手作物件等表现，与大众日常生活息息相关，更容易亲近百姓、走进千家万户。

四是绿色环保、拓展性强。纺织非遗技艺取材源于自然，大多进行植物染色，织造过程较为环保。同时，纺织非遗技艺具有较强的区际发展性和跨界衍生性，在保持非遗完整性、真实性的基础上，可设计满足市场不同层次、不同诉求的衍生工艺产品、文创服务及文化旅游类衍生产品。

因此，就其价值而言，纺织类别所属的纺织行业因其产业链条完整、企业品牌资源丰富、传承模式可复制等独特性，拥有了开展纺织非遗生产性分类保护工作的显著优势。

（四）纺织非遗的社会价值

纺织非遗的社会价值丰富，本书主要从纺织非遗的特点出发，从民族文化、传统技艺、传承艺人三个方面去挖掘文化之魂、技艺之精和传承之美。

1.民族文化

纺织类非物质文化遗产，是依附于人民的生活、习惯、信仰、衣着而产生的民族文化，是来自历史深处不可磨灭的记忆。它就像一条绵延不息的长河，流淌了几千年，川流不息，凝聚着华夏民族千百年来在生产、生活等方面积累下来的智慧、经验和风俗习惯，对于当今的民族文化研究有着极大的价值。

2.传统技艺

纺织非遗的传统技艺是智慧与勤劳交汇成的经纬，桑麻与绫罗堆叠成的云霞。在织机呕哑、染缸氤氲、针线交错中，纺、染、织、绣、印无一不是优秀人文的载体和呈现，这些绚丽多彩的民族文化和精湛绝伦的传统技艺编织出我国流传千年的纺织非物质文明，展现着中国传统纺织非遗的文化之魂、意境之美、技艺之精，将人之精气神与器物之工、造物之美浑然相融合，以物载道，成为纺织类非遗传承的承载基石。

3.传承艺人

与有形的物质形态的文化遗产相比，纺织类非物质文化遗产关注的是精神、技艺和创造，是承载在人的身上又通过人的传承得以存在、延续、发展的"活态"文化。无数身怀绝技的民间艺人被誉为历史文化的"活化石"，彰显出中华文化的博大与厚重。

（五）纺织非遗的文化价值

中华民族在悠久的历史中创造了不计其数、具有鲜明特色的文化符号，它们构成了中华民族共同体意识认同的符号"记忆场"。集体记忆研究的著名学者莫里斯·哈布瓦赫认为，记忆产生于集体的社会互动和交往中，集体记忆具有超个体性特征，因此，集体记忆不是个体记忆的集合，而是所有的社会成员共享对某一文化符号的意义认知，文化符号表达了民族共同的历史记忆以及身份认同，使得中华民族共同体意识的形成和流传具有牢固的意义根基。

作为文化符号，应具备鲜明的辨识度，具有与外在形式密切相关的文化内涵，同时，还要有通过挖掘形式与内容的内在关系从而解读文化本质的观察者或应用者。文化符号是一种综合各方面属性的文化载体，体现着表象与内在的关系，反映着许多直观之外的文化内涵。一个事物，能否被当作文化符号来看待，并不仅仅取决于它是否具有文化属性，也在于它被用于何种目的，在于人们基于什么背景、出于什么目的来看待它、分析它、认识它，在每一个线条、笔触和图案的收放、灵动之间，体现着祖先在创作过程中对生活、艺术的感受，对传统的理解，正是因为这种深切的感受、理解才使它们具备愈加丰富的感悟力和创造力，纺织非遗技艺因其独特的文化价值而成为独具特色的中华文化符号之一。

作为文化符号的纺织非遗可以看作是中华民族文化精神的另一种表现形式，是中华民族历史遗传的思想、艺术、风俗、生活方式等物质文化与精神文化现象的体现，具有浓厚的文化氛围，蕴含着丰富的文化价值以及实现商业价值的巨大潜力。

二、纺织非遗的保护与传承创新

（一）纺织非遗的保护

建立非物质文化遗产代表性项目名录并对保护对象予以确认，以便集中有限资源，对体现中华优秀传统文化，具有历史、文学、艺术、科学价值的非物质文化遗产项目进行重点保护，是非物质文化遗产保护的重要基础性工作之一。联合国教科文组织《保护非物质文化遗产公约》（以下简称《公约》）要求"各缔约国应根据自己的国情"拟订非物质文化遗产清单。建立国家级非物质文化遗产名录，是我国履行《公约》缔约国义务的必要举措。《中华人民共和国非物质文化遗产法》明确规定："国家对非物质文化遗产采取认定、记录、建档等措施予以保存，对体现中华民族优秀传统文化，具有历史、文学、艺术、科学价值的非物质文化遗产采取传承、传播等措施予以保护。"

1.政府角度下的非遗保护

自2001年我国参与申报联合国教科文组织的第一批"人类口头和非物质遗产代表作项目"之后，政府部门、学术机构和社会团体举行了一系列活动，"非物质文化遗产"这一概念因此被国内熟知。此后，我国积极参加联合国教科文组织举办的各项文化遗产保护活动并相继出台和完善了一系列非物质文化遗产保护的相关法律法规（表6-5），表明了我国对非物质文化遗产保护的高度重视。

表6-5　相关非遗项目保护政策

时间	机构	制度
2004年8月	第十届全国人民代表大会常务委员会	中国政府加入联合国教科文组织《保护非物质文化遗产公约》
2005年3月	国务院办公厅	《关于加强我国非物质文化遗产保护工作的意见》
2005年3月	国务院办公厅	《非物质文化遗产保护工作部际联席会议制度》

续表

时间	机构	制度
2005年3月	国务院办公厅	《国家级非物质文化遗产代表作申报评定暂行办法》
2005年12月	国务院办公厅	《国务院关于加强文化遗产保护的通知》
2006年11月	文化部	《国家级非物质文化遗产保护与管理暂行办法》
2011年2月	第十一届全国人民代表大会常务委员会	《中华人民共和国非物质文化遗产法》
2012年9月	财政部、文化部	《国家非物质文化遗产保护专项资金管理办法》
2019年11月	文化和旅游部	《国家级非物质文化遗产代表性传承人认定与管理办法》
2021年6月	文化和旅游部	《"十四五"非物质文化遗产保护规划》
2021年8月	中共中央办公厅、国务院办公厅	《关于进一步加强非物质文化遗产保护工作的意见》
2022年8月	中共中央办公厅、国务院办公厅	《"十四五"文化发展规划》
2023年2月	文化和旅游部	关于推动非物质文化遗产与旅游深度融合发展的通知
2023年2月	文化和旅游部	关于印发《文化和旅游标准化工作管理办法》的通知

数据来源 中国非物质文化遗产网，由作者整理。

在出台的各项针对非物质文化遗产的保护意见中提到，至2025年，非物质文化遗产代表性项目得到有效保护，工作制度科学规范、运行有效，人民群众对非物质文化遗产的参与感、获得感、认同感显著增强；至2035年，非物质文化遗产得到全面有效保护，传承活力明显增强，工作制度更加完善，传承体系更加健全，保护理念进一步深入人心，国际影响力显著提升，在推动经济社会可持续发展和服务国家重大战略中的作用更加彰显。

为了达成以上目标，政府在《关于进一步加强非物质文化遗产保护工作的意见》等文件中，提出以下六项作为切入点，着手开展保护工作。

（1）健全非物质文化遗产保护传承体系

开展全国非物质文化遗产资源调查，完善档案制度，加强档案数字化建设，妥善保存相关实物、资料；实施非物质文化遗产记录工程，运用现代科技手段，提高专业记录水平，广泛发动社会记录，对国家级非物质文化遗产代表性项目和代表性传承人进行全面系统记录；加强对全国非物质文化遗产资源的整合共享，进一步促进非物质文化遗产数据依法向社会开放，进一步加强档案和记录成果的社会利用；完善区域性整体保护制度，将非物质文化遗产及其得以孕育、发展的文化和自然生态环境进行整体保护，突出地域和民族特色，继续推进文化生态保护区建设；鼓励有条件的地方建设非物质文化遗产馆、推动国家级非物质文化遗产代表性项目配套改建新建传承体验中心，形成包括非物质文化遗产馆、传承体验中心（所、点）等在内，集传承、体验、教育、培训、旅游等功能于一体的传承体验设施体系，定期举办中国非物质文化遗产保护年会、学术会议。

（2）提高非物质文化遗产保护传承水平

加强各民族优秀传统手工艺保护和传承，推动传统美术、传统技艺、中药炮制及其他传统工艺在现代生活中广泛应用；将符合条件的传统工艺企业列入中华老字号名录；在有效保护前提下，推动非物质文化遗产与旅游融合发展、高质量发展；深入挖掘乡村旅游消费潜力，支持利用非物质文化遗产资源发展乡村旅游等业态，以文塑旅、以旅彰文，推出一批具有鲜明非物质文化遗产特色的主题旅游线路、研学旅游产品和演艺作品；支持非物质文化遗产有机融入景区、度假区，建设非物质文化遗产特色景区；鼓励合理利用非物质文化遗产资源进行文艺创作和文创设计，提高品质和文化内涵；利用互联网平台，拓宽相关产品推广和销售渠道；鼓励非物质文化遗产相关企业拓展国际市场，支持其产品和服务出口。

（3）加大非物质文化遗产传播普及力度

利用文化馆（站）、图书馆、博物馆、美术馆等公共文化设施开展非物质文化遗产相关培训、展览、讲座、学术交流等活动；在传统节日、文化和自然遗产日期间组织丰富多彩的宣传展示活动；加强专业化、区域性非物质文化遗产展示展演，办好中国非物质文化遗产博览会、中国成都国际非物质文化遗产节等活动；支持有条件的高校自主增设硕士点和博士点，在职业学校开设非物质文化遗产保护相关专业和课程，加大非物质文化遗产师资队伍培养力度，支持代表性传承人参与学校授课和教学科研；引导社会力量参与非物质文化遗产教育培训，广泛开展社会实践和研学活动，建设一批国家非物质文化遗产传承教育实践基地，鼓励非物质文化遗产进校园；利用新媒体平台做好相关传播工作，充分发挥非物质文化遗产在增进文化认同、维系国家统一中的独特作用。

（4）完善相关政策法规

完善相关地方性法规和规章，进一步健全非物质文化遗产法律法规制度，建立非物质文化遗产获取和惠益分享制度；加强对法律法规实施情况的监督检查，建立非物质文化遗产执法检查机制；综合运用著作权、商标权、专利权、地理标志等多种手段，加强非物质文化遗产知识产权保护，加强非物质文化遗产普法教育。

（5）加强财税金融支持

支持非物质文化遗产基础设施建设；支持非物质文化遗产相关企业按规定享受税收优惠政策；鼓励和引导金融机构继续加强对非物质文化遗产的金融服务；支持和引导公民、法人和其他组织以捐赠、资助、依法设立基金会等形式，参与非物质文化遗产保护传承。

（6）制订传承人研修培训计划

以社会主义核心价值观为引领，坚持创造性转化、创新性发展，坚守中华文化立场、传承中华文化基因，发挥院校在非遗保护和传承人才培养中的积极作用，帮助传承人增进对中华优秀传统文化的认识，坚定文化自信，提高专业技术能力和保护传承水平。推动院校的非遗相关专业建设和理论研究，提高院校的非遗教育水平和人才培养能力；在非遗领域探索中国特色学徒制，推进非遗领域校企联合招生、联合培养、"双主体"育人；组织多种形式的培训和交流，探索建立研培计划师资库，培育懂传统文化、懂非遗保护理论、善于教学实践的研培计划教师团队，为建立高质量的非遗保护工作队伍提供人才储备。

2.纺织非遗保护面临的困难

尽管各地政府部门和项目保护单位积极采取生产性保护、整体性保护等多种保护方式，及时抢救和保护了一批濒危的非遗项目，取得了明显成效，但遗憾的是，仍有一些珍贵的非遗项目面临萎缩与消亡的危险。梳理当前造成非遗项目发展困境的原因，主要有以下三个方面。

（1）缺乏保护意识，价值受限

当前，我国众多纺织类非物质文化遗产正面临着较为危险的处境，包括传承人偏少（每一类非遗的传承人仅保持1~3人），个别的纺织类非物质文化遗产传承人年纪偏大，并未找到下一代的传承人等，都是摆在纺织类非遗保护面前的一座大山，急需要找到解决的对策。很多人并未意识到加强纺织类非物质文化遗产保护的迫切性，缺乏保护意识，现有的保护制度仅停留在理论约束的阶段，实施过程中的力度偏弱，真正能落实到具体项目的保护举措并不多，造成现在传承人偏少，面临失传的窘境。纺织类非物质文化遗产如果不能解决传承人的问题，纺织类非遗项目将会越来越少，直至全部消失，人们也将永久性地失去这些宝贵的文化财富。

人们普遍缺乏对纺织类非物质文化遗产的保护意识，不仅仅是保护措施落地不足，也与人们的观念紧密相关。在互联网发展迅速的今天，纺织类非物质文化遗产的产物，理应会得到不少偏好文艺、关注技艺的人士的青睐，但由于信息闭塞、宣传不到位等因素影响，许多纺织类非物质文化遗产并未能真正发挥其价值。多数人始终认为纺织类非物质文化遗产属于一门技术活，在现如今的生活重担承压之下，并没有过多的心思去学习和钻研，久而久之，纺织类非物质文化遗产的传承经常会形成"独苗"，这与现阶段纺织类非物质文化遗产的商业价值实现受阻有很大关系。

（2）资金投入不足，无产业链

非遗保护每年都需要一定的资金投入，以扶持非物质文化遗产项目的正常运转。当下，有许多纺织类非物质文化遗产项目，如苗绣的产出地黔东南地区，仍属于经济落后地带，每年能给予到苗绣非遗保护的资金十分有限。尽管国家每年已经给予当地苗绣传承人一定的补贴与支持，但是苗绣发展规模依旧受限，上下游未形成完整产业链。资金投入不足，无法为苗绣的传承与发展提供足够的助力，规模效应便无法实现，传承与发展苗绣也将变成一纸空谈。

再如服饰类，许多地区都有完整的加工产业链，基本可以满足量产纺织类非物质文化服饰类的需求。但是手工类，如刺绣、挑花等技艺，当前并没有形成完善的产业链、全周期的生产链条，进一步推广手工类纺织类非物质文化遗产项目，任重而道远。产业链的缺失，也给纺织类非物质文化遗产项目的保护带来了重重困难，必须打通纺织类非物质文化遗产项目的上游及下游，才可能真正把纺织类非物质文化遗产的保护落实到位，既实现非遗保护，也让人们接触到更多纺织类非物质文化遗产，一举两得。

（3）创新性较欠缺，延续受限

目前，我国的纺织类非物质文化遗产保护，一直沿用"按部就班"的模式，即沿用之前已经实施非遗保护成功案例的经验，取长补短，指导实施下一个纺织类非物质文化遗产的保护。采取这样的保护措施，创新性不足，很容易陷入固化思维，无法打破禁锢，无形中给纺织类非物质文化遗产保护套上了一副"枷锁"，不利于不同品类的非遗项目保护目标的实现，纺织非遗价值的延续受阻。

3.民间社会组织角度下的自发性保护

除政府出台对非遗项目的保护政策外，社会组织、纺织高等院校自发开展校、企、协合作模式的新尝试，力求在多元化、多维度合作下，实现传统文化资源共享，深化产教融合，为国家非遗的传承了发展输出更多有用人才，使中华优秀传统文化得以永恒延续。

（1）社会组织

各种社会组织开展了一系列的纺织非遗项目保护和传承工作，部分工作内容整理如下：

①中国纺织工业联合会定期组织开展中国纺织非物质文化遗产大会，发布《中国纺织非物质文化遗产发展报告》和"中国纺织非遗推广大使倡议书"，就纺织非遗主要问题以及如何抓住发展机遇开启纺织非遗传承发展新时代进行深入分析，并对新时代纺织非遗事业的工作思路提出建议。同时，通过中国纺织非遗大会打造资源共享平台，与多方携手合作，扎实推进行业非遗工作。

②中国纺织非物质文化遗产大会组委会持续举办"首创杯"中国纺织非遗大会文创纪念品设计征集活动，倡导原创与跨界融合。活动将对作品的纪念性、代表性、便携性、时尚性、艺术性、实用性、系列性、整体性等方面予以综合考虑，充分体现纺、

染、织、绣、印等纺织传统工艺特色，同时体现现代时尚、绿色环保等设计理念，充分挖掘中国纺织历史与文化内涵，打造非遗和旅游融合发展趋势。

③中国纺织工业联合会和中共沈阳市委宣传部主办了第四届中国纺织非遗大会，推动了纺织非遗与沈阳相关非遗产业交流，促进纺织非遗在服装服饰、家居装饰、文化旅游、民俗婚庆等市场空间的拓展。

④中国纺织工业联合会在北京举办华服流行趋势研究暨纺织非遗助力乡村振兴行动，提出新时代背景下，纺织非遗的传承呈现新时代特征，需要创造性地转化和发展、处理好传统工艺与现代工业文明的关系、在市场与传承之间找到好的契合点。汇聚社会资源，发挥产业优势，共同推进纺织非物质文化遗产的保护与传承，促进纺织传统文化、传统技艺与现代产业融合发展，提升中国纺织工业文化软实力与文化自信，实现纺织非遗的"活化"保护与可持续发展。

（2）纺织类高等院校

各类纺织高等院校开展了一系列纺织非遗项目保护和传承工作，部分工作内容整理如下：

①2023年11月9日，北京服装学院举办《中华民族共同体视域下的织锦文化艺术》讲座。讲座专家从国宝"何尊"铭文讲解"中国"之缘起，从《诗经》中释"锦"之芳名，从华夏集团、五方之民史话中华民族共同体的历史脉络。用"锦衣夜行""季伦锦障"等史载成语，讲述项羽、石崇等历史名人的锦衣故事；用杜甫、李商隐、李清照、苏东坡等的锦绣诗词，解析中华民族织锦艺术中的文学基因。同时，从中华民族共同体形成发展史上出现的18种民族织锦中，研究中华民族织锦的历史地理基因。在此基础上，又从历史地理基因等角度，梳理中华民族织锦发展中的民族交往、交流、交融。

②2023年6月25日，北京文化艺术基金2022年度资助项目"传统服饰京绣纹样艺术传承与创新应用设计人才培养"结业仪式在北京隆重举行。北京文化艺术基金2022年度资助项目、北京服装学院宁俊教授主持的"传统服饰京绣纹样艺术传承与创新应用设计人才培养"以京绣为传承创新的文化内核，将京绣纹样的艺术生命力与现代艺术设计理念、新时代大众美好生活需求相结合，开展京绣非遗艺术创新设计培训，以培育提升非遗传承人群和艺术设计创作者的创新能力和实践水平，为京绣技艺的传承与发展奠定人才基石，助推文化创意产业高质量发展。培训招生简章发布后，受到社会各界的广泛关注和踊跃报名，经过审核、专家遴选，最终面向京津冀地区录取学员40人。学员们在三个月内完成了京绣设计基础、京绣创新设计、京绣作品创作三个课程板块，经过集中培训学习、实证考据、实践创作等环节，产出了百余件高水平京绣相关作品，其主要学习成果以"绣——传统服饰京绣纹样艺术传承与创新应用设计人才培养项目成果展"的形式于2023年6月25日~7月5日在首都图书馆春明簃阅读空间展出。

③2021年10月，"中华纺织服饰非遗的历史与创新（第一回：汉族）"展览系列活动在东华大学上海纺织服饰博物馆正式拉开序幕。活动聚焦汉族纺织服饰非遗的历史与创新主题，呈现我国优秀的传统技艺、纺织服饰文化和当代时尚传承创新，从学术角度对纺织服饰非遗进行再梳理，对当代"国风"进行再总结。

④2021年6月，华服流行趋势研究暨纺织非遗助力乡村振兴行动倡议发布会在北京举行，发布会由北京服装学院服装艺术与工程学院院长王永进主持，贵州民族大学作为新闻发布会的主要倡议方之一，也参加了活动并作了主题发言。

⑤2021年5月，武汉纺织大学教育部中华优秀传统文化传承基地（汉绣）、湖北省非物质文化遗产研究中心的非遗研究团队参加了由鄂州市旗袍文化艺术研究会主办，司徒社区承办的"妈妈民艺"非遗公益项目的启动仪式，非遗研究团队老师在当天的非遗手工课堂上还进行了现场教学指导。

⑥2020年11月，东华大学第八期"传统刺绣创意设计"非遗研修班结业典礼在延安路校区举行。原文化和旅游部副部长、贵州省文旅厅非遗处一级巡视员、东华大学服装与艺术设计学院党委书记、院长、非遗教研中心教学指导教授与第八期非遗研修班全体成员一同参与了本次活动。

⑦2019年11月，云南昆明学院参与承办了以"开启纺织非遗传承发展新时代"为主题的第三届中国纺织非物质文化遗产大会。近年来，昆明学院开展理论研究和实践探索，对云南本土非物质文化遗产进行了分类整理，建设数据库，培养传承人，并着力非物质文化遗产传承性保护融入产业方面的研究。

⑧2018年11月，天津工业大学承办的第三届全国"纺织类非物质文化遗产"创意创新作品大赛决赛在天津工业大学艺术学院举行，有349件"纺织非遗"作品在现场呈现。

⑨2017年6月，天津工业大学纺织非遗宣传月暨第四期中国非遗传承人群研培计划培训班在艺术与服装学院顺利举办。

⑩2014年5月，北京服装学院传习馆开馆仪式暨"母亲的艺术——金媛善拼布展"开幕仪式在北京服装学院中关村时尚创意产业园举办。天工传习馆定位为"传统手艺聚集地"，馆内由手艺工坊组成，针对"非物质文化"需求——中国传统织造、刺绣、印染、金工等手工艺进行实态演示。

⑪2013年3月，天津工业大学建成纺织非物质文化遗产学研馆，通过声、光、电等技术，运用实物和视频等手段来呈现纺织文化与技艺。在实现博物馆展示功能的同时，还强化了学习、研究和实践平台的功能，以促进非遗后备人才的培育。

社会在不断进步，各类保护技术措施也在不断发展，一味地沿用传统的保护措施，并不一定适用于所有非遗项目的保护。现在是互联网的时代，与信息技术相违背，将会寸步难行，按部就班的纺织类非物质文化遗产保护，无法与最先进的新兴互联网技术相融合，最终将会渐行渐远。非物质文化遗产生存现状的紧迫性，决定了我们的非遗保护的工作重点必须从增加"申报""评审"层面向"传承""创新"层面转变，通过创新增强文化活力，使非遗项目生存状态得到明显改善，促使项目传承群体得以不断扩大。

（二）纺织非遗的传承和创新

传承和保护纺织类非物质文化遗产，在一定语境中就等同于传承和保护历史，具有极其重要的意义。随着我国经济社会深刻变革，对外开放日益扩大，互联网技术和新媒体快速发展，各种思想文化交流交融更加频繁，对中华传统文化的有序传承提出更高的要求。在创新中寻求突破，进一步激发中华优秀传统文化的生机与活力，对着力建设中华优秀传统文化传承发展体系对于传承中华文脉，维护国家文化安全增加国家文化软实力有着举足轻重的作用。

1.从内容设计上传承和创新

从内容上来说，要结合当下的社会背景，探寻纺织非遗项目纹样创新、技术引进、产品开发、现代设计、时尚品牌等方面的创新思路和举措。

（1）纹样创新

现在的纺织类非遗内容在设计时较以往更加注重对于传统元素的表达方式的创新，着力思索和品味它的文化内涵和积淀的历史痕迹，捕捉气韵，从中提取能适应现代审美的纹饰特点与设计语言，结合流行趋势与需求倾向来进行元素交错、比对、重组，最终形成优秀的设计。用这样的方式来进行创新设计，能挖掘出更多、更丰富的设计符号和纹样来适应更多样化的产品纹饰需要。

（2）技术引进

近年来，财政部调拨了大批资金用于助推非遗项目的传承保护，促进了多种利用现代技术结合非遗元素的表现形式的诞生。如内蒙古自治区非遗展览馆利用国家专项资金的支持，推出的各种文化创意产品，3D全息蒙古包、AR蒙古族服饰试衣间、非遗动漫、全息舞台投影等技术和创意形式将非遗展示出来，能让观众亲身体验传统文化的魅力，在潜移默化中加深对非遗的了解，这些都是非遗文创企业引进技术创新发展的缩影。

（3）产品开发

传承非遗没有适应市场的产品是不行的，需要在继承优秀传统的基础上，不断进行非遗产品的开发和革新，利用物美价廉的产品满足更多人的消费需要，比如有着"寸锦寸金"之称的南京云锦。云锦织造技术省级代表性传承人杨玉柱的团队开发简单的花纹样式，实现了机器纺织大量生产，使云锦成为大众可触的日常消费品。因此，利用产品开发提高纺织类非物质遗产的普适度，能使越来越多的人获得拥有心仪的非遗产品的机会，对非遗产品的传承和发展起到至关重要的作用。

（4）现代设计

纺织非遗元素主要可以应用到服装服饰、家居生活、艺术创造、影视剧装等领域，根据这些领域的消费需求，在保护传统文化与工艺精髓的条件下，以跨界融合、当代审美来开阔视野、激活灵感是设计开发的着力点。近年来，已经有不少企业着眼于传统工艺的跨界产品设计，如手工刺绣和蓝染系列包装下的音箱、充电宝、手包等近30个创新产品销往20多个国家和地区，乘着电子商务的东风，越来越多的含纺织非遗元素的设计新品借助网络渠道飞入寻常百姓家。

（5）时尚品牌

品牌影响着消费者的心理和行为，将非遗元素植入品牌、打造非遗品牌，通过市场和消费者的检验推动纺织非遗从产品开发到品牌建设的创造性转化和创新性发展是非遗持续发展的重要途径。打造非遗品牌化趋势和"非遗+"时尚生态圈，在商业路径中汲取、融合时尚元素，整合各方资源，最终以时尚非遗形象打破民众对非遗产品的固有认知，能够帮助纺织类非遗更好地融入时代，得以传承和发展。

2.在生产过程中传承和创新

在传承与延续过程中不断树立更高标准使传统技艺得到创新提升，这样的发展路径能有效保护和丰富传统工艺的多样性。传统技艺创造、生产、传播、消费的文化多样性，是民族文化存续的显著特征，拒绝对前人技艺进行简单的物质复制，应该在尊重保持传统技艺完整性的基础上，吸纳有实力、有品牌、有渠道、有思路的企业积极主动参与合作，将非遗创新资源转化为生产力，转化为产品和服务，以良好的社会效益和经济效益反哺传统文化的发展和创新。

3.在组织方法上传承和创新

设立各种新型组织，组织开展各类纺织非遗项目的专项传承和创新活动。如2017年在潮州成立的中国刺绣艺术研究院，围绕"发现新价值、构筑新模式"的主题汇集全国刺绣行业精英，在理论研究、艺术创作、产品开发和人才培育等方面寻求取得进步，为传统工艺与现代时尚的结合、振兴、发展不断探索、也为纺织类非遗的发展贡献新的力量。同时，整合、培育更多刺绣人才，创作更多具有民族特色的非遗精品，这是其他类别纺织类非遗项目的保护和传承可以学习借鉴的方向。

在当前背景下，纺织类非遗项目的发展已经从传统的静态展示转变成了与"活态传承+文化自信"相结合的新高度，是传统图案、造型、技法与现代时尚元素融为一体的新型艺术表现形式，在传统与现代之间建立起一座支撑着文化延续发展的桥梁，让创新与发展相结合，从文化价值、审美价值、时代价值、商业价值综合考量出发，结合相关政策支持，将中华文化自信推向新的高度。

三、"纺织非遗+"的生产性分类保护与商业价值实现路径

纺织非遗是中华优秀传统文化的重要组成部分，传承着知识技艺，凝结着民族智慧，承载着文化精神，用丰富多彩的文化内涵和表达方式，为人们提供了身份认同、文化自信和情感延续。"纺织非遗+"即是建立在纺织类非物质文化遗产资源利用基础上的一系列保护及创新活动，蕴含着丰富的文化价值和商业价值。

"纺织非遗+"是建立在纺织类非物质文化遗产资源利用基础上的一系列保护及创新活动，如"纺织非遗+研学""纺织非遗+产业""纺织非遗+旅游""纺织非遗+民宿""纺织非遗+文创""纺织非遗+展览""纺织非遗+演艺""纺织非遗+节庆"，不断扩展的"纺织非遗+"相关行业领域迅速催生出新的活态化创意，迸发新的社会商业活力，融入大众文化生活，提升产业经济效益，使纺织非遗保护成果越来越为全社会共知、共享、共传，也让非遗真正融入新生、活在当下、增值续航。

但随着社会生产力、数据信息技术、现代商业模式、消费偏好结构的更新迭代，纺织非物质文化遗产的生产性分类保护和持续性传承由于制作程序繁杂，手工技艺依赖程度高、收益周期较长的生产劣势，使其产品或服务逐渐被"非遗类"流水线产品或服务所取代，并陷入保护无序、价值无门的困境。为了探究"纺织非遗+"商业价值的实现路径，本节从纺织非物质文化遗产的特点入手，通过分析生产性分类保护的基本要求及现状存在的主要问题，引出商业价值实现的主要困境，最后基于生产性分类保护对"纺织非遗+"商业价值实现过程中存在的困境提出应对建议，助推"纺织非遗+"项目商业价值的实现和提升。

（一）生产性分类保护的基本要求

2012 年 2 月，文化部制定印发的《文化部关于加强非物质文化遗产生产性保护的指导意见》定义，非物质文化遗产生产性保护是指在具有生产性质的实践过程中，以保持非物质文化遗产的真实性、整体性和传承性为核心，以有效传承非物质文化遗产技艺为前提，借助生产、流通、销售等手段，将非物质文化遗产及其资源转化为文化产品的保护方式。目前，这一保护方式主要是在传统技艺、传统美术和传统医药药物炮制类非物质文化遗产领域实施。

2021 年 8 月，中共中央办公厅、国务院办公厅印发《关于进一步加强非物质文化遗产保护工作的意见》指出，提高非物质文化遗产保护传承水平要加强分类保护，继续实施中国传统工艺振兴计划，加强各民族优秀传统手工艺保护和传承，推动传统美术、传统技艺、中药炮制及其他传统工艺在现代生活中广泛应用。

生产性分类保护，就是对现有可进行生产性保护的非遗项目进行更加具有针对性的

分类保护，每个非物质文化遗产项目都有着与其他类别项目不同的特点，我们开展保护和传承工作，首先应研究、了解和掌握各个项目类别的特点，因类制宜，采取有针对性的措施，这样才能真正取得生产性保护的实效成果，实现非遗的商业价值。

（二）生产性分类保护传承无序的主要问题

1.产品功能转变，市场需求萎缩

得益于社会经济水平迅速提高，消费者对消费品的文化属性要求也在逐步提升，纺织类非遗项目产品功能的单一性让人们对纺织类非遗项目的产品需求逐渐变小，可替代的产品越来越多，压缩了纺织非遗产品的生存空间。在消费者的需要中，纺织类非遗项目产品功能应由"实用性"向"美观性、欣赏性、经济性"过渡，摆脱民族、地域桎梏，以求拓展更大的商业用途。但有的纺织类非遗项目产品并未迎合时代的发展，仍旧停留在"实用性"阶段，甚至仅仅适合民族内部流通。因此，许多对产品传承历史敏感度低的消费者不会为纺织非遗产品的文化属性买单。

2.支持政策不足，产权意识薄弱

纺织类非遗项目产品在现有的保护政策下，无法得到应有的保护。一方面，侵权、抄袭、模仿等现象较为突出，只要市场上的某类纺织类非遗项目产品销售业绩高，就会有很多人跟进模仿、抄袭，给纺织类非遗项目的原创产品带来巨大的伤害，而当地的保护政策却不足以帮助其实现维权。另一个方面，当下的纺织类非遗项目的传承人、继承者缺乏对纺织类非遗项目产品品牌的塑造，知识产权的保护意识相对淡薄，也会给一些不法分子可乘之机，对实现纺织类非遗项目的商业价值造成负面影响。

3.生产场地单一，生产标准缺乏

根据调查了解，纺织类非遗项目长期缺乏成规模的生产场地，未能实现大批量的生产，过度依靠手工造成单品价格居高不下，纺织非遗产品也是一种消费品，在品牌建设程度不高的情况下单价过高构成天然劣势。同时，市场渠道匮乏，缺乏足够的营销手段和渠道，导致市场需求一直萎靡不振。现阶段，很多非遗项目依然缺乏生产标准，长期处于"个体户"制作的阶段，又间接导致不容易形成大批量的生产制作模式，这种循环对于纺织类非遗项目发展商业价值的实现是不利的。

4.消费市场混乱，生产信心受阻

市场竞争是激烈的，哪怕对非遗项目产品而言，也必须面对市场激烈的竞争，优胜劣汰才是市场竞争的必然结果。如今，纺织类非遗项目产品所面临的市场秩序是混乱的，缺乏稳定的秩序，市场上的产品以次充好的现象较为普遍，给广大消费者带来的购物体验相对较差。另外，质量堪忧的纺织类非遗项目仿制产品进入市场，严重扰乱了市场的正常运营秩序，恶意低价竞争给商家也造成较大伤害。产品质量不过关，严重影响

了纺织类非遗项目产品在消费者心中的口碑，也是纺织类非遗项目商业价值的提升的主要障碍之一。

（三）"纺织非遗+"商业价值实现的主要影响因素

新的发展阶段，纺织类非遗项目虽然品类丰富多样，却无法实现其相对应的商业价值，许多"纺织非遗+"活动都是处于入不敷出、"烧钱"维系的尴尬阶段，如何实现"纺织非遗+"项目的商业价值，让传承人、传承合作团队、项目传承地享受到项目保护和传承带来的惠民成果，如何才能使越来越多的人参与"纺织非遗+"体系，成为现如今摆在纺织类非遗项目传承与发展面前一道大难题。

1.社会生产方式

随着经济社会和工业技术的不断发展，社会生产方式不断革新，工业化生产的发展使得生产工序的流水线操作步伐加快，提高了产品生产的精确性、计划性和有序性，现代化的企业为迎合低成本、周期短、大批量的制式产品生产需求，热衷于追求生产机械化、智能化所产生的质量和效率，使得社会生产方式的发展趋向效率追捧。以手工技艺为主的纺织非遗产品如何实现柔性生产加速、与机器生产和谐共进是一个需要思考的问题。

2.数据信息技术

随着移动互联网技术日趋成熟，并逐步运用到社会生活各个领域中，数字化潮流已然成为一种不容忽视的潮流。与传统人工或软件技术相比，数字信息技术在信息收集、存储、挖掘或者整合分析等方面，有着更为成熟的数据集合处理优势，使人们的决策行为建立在事实及数据客观处理基础之上，从而提升了对信息资源的综合整理能力。大数据技术的冲击，刺激传统非遗信息的采集、存储乃至传播、利用，如何避免传统信息缺失所造成的文化故事碎片化、文化技艺局部化的"失传ing"局面，提升非遗资源保护的有效性及有料性，让纺织非遗更好地融入大数据时代是一个亟待解决的问题。

3.新型商业模式

随着新经济发展的持续向好，多交互、多维度、多层级网络的不断构建，互联网+、统计经济、云平台商务、人工智能、节能环保、新零售等新型商业模式迅猛发展。如电子商务的发展就极大地革新了产品营销方式，2020年，全国网上零售额比上年增长10.9%。其中，实物商品网上零售额增长14.8%，明显好于同期社会消费品零售总额；实物商品网上零售额占社会消费品零售总额的比重为24.9%。在线上消费快速增长带动下，全年快递业务量超过830亿件，比上年增长超过30%。如何在商业模式不断革新的今天做一个"适者"，是纺织非遗发展需要关注的现实问题。

4.消费偏好结构

随着"Z世代"等年轻消费群体购买力的崛起和不断放大，个性化消费浪潮翻滚，对消费品附加价值重视程度加深，更偏好创新时尚、附加文化价值的产品，把握消费偏好，刺激非遗类文化消费，是实现"纺织非遗+"商业价值需要转型升级的新方向。数据显示1995—2005年期间出生的"Z世代"总人口约2.6亿人，平均每月可支配收入达3501元，贡献了社会整体消费的40%。所以，把握新兴消费群体的个性化消费偏好是"纺织非遗+"活动未来发展的重要关注点。

（四）"纺织非遗+"商业价值实现路径

中国是具有国际影响力的纺织大国，具有最完整的产业链，覆盖从原料到最终产品的全过程。纺织非遗包含的纺、染、织、绣、印等传统工艺以及民族服饰，都能在纺织产业链中找到相对应的生产应用环节，有利于实现纺织非遗的生产性分类保护。同时，纺织行业具有丰富的品牌与企业资源、优秀的专业设计力量、完善的市场营销渠道，能为提升传统工艺的设计水平、新产品开发能力、市场营销能力等多方面提供有力支持。

得益于以上优势，一方面，随着电子商务、直播带货、流量宣推、终端下单等多种营销方式的发展，纺织服装行业的发展步伐在不断加快。国家统计局数据显示，2023年全国限额以上单位服装、鞋帽、针纺织品类商品零售额同比增长12.9%，增速较2022年大幅回升19.4%。在网上零售消费体验提升、电商业态蓬勃发展等积极因素带动下，网络渠道零售增速实现良好回升，2023年全国网上穿类商品零售额同比增长10.8%，增速较2022年大幅回升7.3%。

另一方面，携带非遗元素的影像流量、终端产品也潜藏着巨大的商业价值。短视频的兴起让非遗得到更广泛的展示。从《逃出大英博物馆》《我的归途有风》等非遗文旅微短剧圈粉无数，再到如今短视频非遗类文化创作者不断涌现，通过独特的视角和生动的表现手法，传承着中国式的热血和浪漫。电商直播为非遗带来新机遇。据《2023抖音电商助力非遗发展数据报告》，过去一年，通过抖音电商购买非遗产品的消费者数量同比提升62%，非遗好物销量同比提升162%。供给两端的同步增长，在抖音电商，非遗传统技艺被越来越多的人看见，非遗好物走进千家万户。

这一部分将根据生产性分类保护原则将纺织类非遗可生产性保护项目分成两类——地区性生产性保护项目和区际性生产性保护项目。地区性生产性保护项目，是指那些对于原材料、工艺方式有特定地区要求的，可间接输出或二次创新程度低、适应性低的生产性保护项目，可选择当地商业化为主，区际商业化为辅的发展路径；区际性生产性保护项目，是指那些对于原材料、工艺方式没有特定地区要求的，可间接输出或二次创新程度高、适应性强的生产性保护项目，可选择区际商业化为主，当地商业化为辅的发展路径。

区际商业化是一种利用不同地区的地区发展特性和擅长领域，基于"纺织非遗+"开展区际间的创新合作，比如北京作为中国的政治文化中心，包容性、创造性更强，可以在符合生产性保护基本要求的前提下，为全国各个地区的纺织类非遗项目开展输入和创新传承活动。下面从需求侧和供给侧两个方面探究基于生产性分类保护的"纺织非遗+"商业价值实现路径。

1.需求侧路径实现

（1）偏好的形成

形成"纺织非遗+"文化消费偏好是需求侧路径的重要内容。目前，由于时间、经济等因素影响着各地区居民的"纺织非遗+"文化消费水平，需要鼓励带薪休假、降低文艺演出和文化场馆的门票费用，给予人们更多的时间，并减少人们在文化消费上的经济压力，增强人们在文化消费层面的经济能力，让人们可以更多的以旅游、看文艺演出、参观文化场馆的外出形式参与"纺织非遗+"文化消费。同时，增加人们在"纺织非遗+"文化消费方面的习惯，刺激消费方式和观念的转变，促进"纺织非遗+"文化消费偏好的形成。

（2）信息获取渠道的增加

目前，人们对纺织非遗的关注并不多，这需要商家和纺织非遗活动主办方通过人们经常使用大众媒介加大纺织类非物质文化遗产的产品和活动的宣传，加强非物质文化遗产的消费促进作用，加强市场推广和商业价值的实现，持续做好推广和发展非物质文化遗产创意设计产品工作，并根据需求方的反应来知晓消费者的偏好、文化特征和情感，让人们了解到纺织非遗的消费路径，推动"纺织非遗+"文化消费。

必须开放和使用不同的渠道来有效地促进市场宣传，以便消费者能够真正接受和欣赏纺织类非物质文化遗产的产品和服务。如文化和旅游部利用公共网络平台资源在"文化遗产日"当日举办的"非物质文化遗产购物节"，这种类型的全国性市场推广活动为人们提供了一种学习模式。

如今，通过在线直播来帮助纺织类非物质文化遗产开展传播的模式也非常流行。如非物质文化遗产宣传大使带领在线团队成功地将非物质纺织文化遗产产品推向国内和海外市场，也帮助了成千上万的刺绣从业者获得收入。因此，我们期待网络销售在当代能成为纺织非遗市场推广的常态形式。

线下宣传模式也需要进一步多样化、个性化、丰富化。如2019年，中国纺织工业联合会非物质文化遗产办公室、辽宁省纺织服装协会和大连服装博览会联合组织了线下特别展览"中国（大连）纺织非物质文化创意品牌"，这种模式得到公众和政府领导的高度肯定，充分展示了纺织非物质文化遗产的巨大增长空间。北京也可以学习这种形式去推广"纺织非物质文化遗产+"，加深纺织类非物质文化遗产的文化价值，并动员更多的力量参与非物质文化遗产的传承和创新。

（3）认知和消费意愿的增强

目前，要培养人们文化消费的意识，可以将纺织非遗内容列入中小学的选修课程，在给孩子们讲述纺织非遗内涵的同时，加入一些基础的手工纺织非遗技艺内容，比如刺绣、扎染等，让孩子们以做手工的形式亲手制作纺织非遗物品，亲身感受纺织非遗的魅力所在，从小培养"纺织非遗+"文化消费的消费意识，才能让人们在"纺织非遗+"文化消费上有更强的消费意愿。

（4）消费动机的加强

人们在文化消费的同时也关注提升自身的文化素养，这要求纺织非遗类产品拥有足够的文化内涵，注重商品的服务过程。在人们购买的过程中介绍产品独特的非遗工艺，或在产品的标签上标注产品所具有的独特文化内涵，能够让客户的消费心理和购买行为受到产品品牌的影响。同时，将纺织品无形遗产元素植入品牌或用于建立品牌，得到市场和消费者的认可，才能使这种无形遗产得到更好地传承和发展。如中国一些著名的女装品牌正在创造性地将传统的纺织技术运用到服装的设计和生产中，吸引了许多消费者，但是，需要注意的是，传统非物质文化遗产不应是一次性的模仿，也不能只是抄袭形式。

2.供给侧路径实现

（1）共建基地与标准制定

建议政府主导，政企联合，共同建造纺织类非遗项目的设计和生产基地，引导生产规范快速落地。当地或区际有关部门应联合纺织类非遗项目的传承人或继承人，以及当地的一些企业，共同出谋献策，打造属于纺织类非遗项目的专属生产场地，让纺织类非遗项目拥有自己的生产场合，为后期大批量生产纺织类非遗项目奠定坚实的基础。同时，制定完善纺织类非遗项目的生产标准，大到产品的样式、布料，小到产品的细部设计，确保每一个生产环节都有标准可以参照执行。规范生产标准，不仅是保障产品质量的关键点之一，同时也是约束生产操作人员、提升生产力的重要手段之一。

（2）资源迁移与平台共享

当前，我国西部地区存在很多纺织类非物质文化遗产，但因为地理和交通状况的影响，流通半径较小，可以考虑将纺织非遗资源部分内容转移至发达地区，如首都北京。在2020年之后，数个电商平台聚焦在线直播，推出各种针对非物质文化遗产的活动，将众多产品推向消费者，使得更多的非遗产品通过在线网络走进消费者、走进大众生活。

（3）技术创新与政策扶持

需要加强产品创新设计并进行市场运营。文化创造力和文化产业的核心是文化内涵和文化情感，在中国少数民族聚居地区，纺织类非物质文化遗产蕴藏着巨大的潜力资源，每个民族都有自己织造、刺绣和染色的传统，需要充分挖掘他们的潜力，并通过工业化的手段来减轻文化贫困。

"纺织非遗+"商业价值的实现，需要以经济的持续、稳定增长为前提；需要国家立法，出台新的政策为"纺织非遗+"的发展保驾护航，通过知识产权的保护、税收的减免以及公共文化供给的增加来改善当前"纺织非遗+"的政策环境；除此之外，还应为创造良好的"纺织非物质文化遗产+"生态环境，形成充满创新力的产业模式和商业模式。

纺织类非物质文化遗产是人类智慧的结晶，是展示民族文化底蕴的重要方式之一，对促进中华民族文化认同，增强民族团结和自信起到不可忽视的作用，值得一代又一代人的不懈传承与发展。

"纺织非遗+"项目商业价值的提升迫在眉睫，有很多的问题需要解决，同时也需要吸纳更多当地以及合作地区的人关注纺织非遗项目的保护和传承，避免出现"失传"等极端现象。只有让"纺织非遗+"传承文化价值的同时，实现更多的商业价值，才会有更多的企业、更多的人投入纺织非遗项目的保护和传承中，创新和发展纺织类非遗项目。

四、"纺织非遗+"商业价值实现的新沃土

纺织非遗活化传承对中国纺织工业发展至关重要，要以传承为基础，树立更高标准，结合现代生活，加强融会贯通，在保护纺织非遗工艺价值、民族文化特征的同时，注重现代美学和国际化设计元素的结合，坚持技艺革新、元素更新、时尚创新，增强纺织非遗自我发展的生命力，同时要充分吸取纺织非遗精华，提升中国纺织服装产业创新设计能力，扩大纺织服装品牌的文化影响力，更好地满足人民日益增长的美好生活需要。要充分发挥传承人、企业家、非遗大使作为非遗传承创新践行者的推动作用，将纺织非遗融入新市场、新生活、新时代，在实现中国式现代化进程中绽放非遗的风采。

2022年8月，中共中央办公厅、国务院办公厅印发《"十四五"文化发展规划》，明确提出加强非物质文化遗产保护传承。强调健全非遗调查记录体系、代表性项目制度、代表性传承人认定与管理制度，对国家级非遗代表性项目实施动态管理，探索认定代表性传承团体（群体），加强非遗传承人群培养。提高非遗传承实践能力。强化整体性系统性保护，建设国家级文化生态保护区、非遗特色村镇和街区。强化非遗融入生产生活，创新开展主题传播活动，推进非遗进校园、进社区、进网络。

"四个中心"是国家赋予首都北京的角色定位，对于非遗的发展具有关键意义，尤其是在推进文化中心建设方面，北京的非物质文化遗产保护工作正处在一个非常关键的

时间节点。

从人文环境上看，北京作为首善之区、著名文化古都，拥有得天独厚的传统文化资源，得益于政策利好和社会大环境的支持，领舞弘扬中华优秀传统文化的时代主旋律，北京的文化中心地位日益凸显。同时，北京具备不同文化融合创新的强大包容性和创造性，各类人才聚集于此，即使是小众的项目分支也能找到自己的从属群体，形成一定的文化氛围。

从消费能力上看，北京人均文化消费水平高居全国第二，仅次于上海。同时，北京地区人均文化消费支出基本呈逐年递增的势态，也说明北京居民对文化消费的需求在不断增加，在文化消费上有一定的消费能力。

文化中心定位赋予了北京重要使命——在文化上联结全国、辐射全世界，为各地的非物质文化遗产提供展示的舞台，选择北京地区作为展示窗口为非物质文化遗产带来各种机遇，是完美契合"纺织非遗+"商业价值实现条件的沃土。

第七章　北京"纺织非遗＋"文化消费质量提升研究

一、北京"纺织非遗＋"文化消费调研问卷设计

（一）调查目的及问卷设计原则

1.调查的目的

近年来，国家颁发了诸多详细的深化改革战略规划，在建立和完善中国经济的总目标下，消费市场出现了诸多变化。变化之一是消费市场已从以前对外部需求的依赖转变为内部和外部需求之间的全面平衡；变化之二是民众从主要的物质产品消费模式，转变为同时存在物质消费和文化消费的模式。毋庸置疑，文化消费已经引起社会各界人士广泛的关注，作为一种新的消费形式，它已在人们的日常生活中越来越活跃，同时，重要性也更加凸显，不仅能促进市场结构优化，也能促进产业变革进而推动国民经济发展。

本次调查对象为北京市居民，覆盖各行各业的从业人员，从目前北京市消费者对纺织非遗和北京地区文化消费的认识情况、对文化消费的满意度等方面进行调查，进而全面深入了解消费者对纺织非遗和北京地区文化消费的认识以及目前消费者对文化消费的需求和满意度等，分析提出"纺织非遗＋"文化消费质量的提升路径。

2.调查问卷的设计原则

为了更加深入、全面、客观地了解北京"纺织非遗＋"文化消费的状况，考虑到北京地区男女比例、教育背景、收入等多方面的差异，此次调研工作的调查问卷通过随机抽样的方法，鼓励潜在调研对象主动在线上填写问卷，具体流程主要是在专业问卷平台上进行不同题型的问卷设置，利用其制作方便、成本低廉、统计方便、可实时把控结果等优点进行调研。

问卷设计原则对整个问卷最终质量的影响极为关键，原则主要如下：合理性、通用性、逻辑性、清晰度、非归纳性以及简单的排序和分析。问卷的合理性是最重要的原则，问卷的内容必须与本书的主题有关，反之，即使问卷是完美的并且内容质量高，该问卷也是无效的；通用性指的是问卷是否具有调查意义，这是问卷设计的基本原则，根据这一原则，可以消除问卷中的某些常识偏差，有利于调查结果的汇总和分析；逻辑性让问卷保持相当的完整性，也就是问卷问题之间要存在完整的逻辑性，每个问题独立存

在，问题之间又紧密相关，具备较强的逻辑性，因而获得较为完整的信息；清晰度则是指问题的题目设置、答案设置在理解上要清晰易懂。

（二）调查问卷内容

调查问卷的内容设置采用开放式和封闭式题型相结合的形式，问题的主要题型为单选题、多选题和量表题三种题型。

调查问卷内容分为四部分，主要涉及调研对象的基本信息、北京地区文化消费行为现状、居民对于纺织非遗的认识、居民对"纺织非遗+"文化消费的看法和期望。

北京"纺织非遗+"文化消费质量调查问卷

您好！我正在进行关于北京"纺织非遗+"文化消费质量的调查。很高兴您能参与此次的调查，提供您的看法和意见。在此，我郑重地向您保证，本次问卷仅用于研究使用，无其他用途。您的参与将为我带来极大的帮助。希望您能认真填写，谢谢合作！

一、个人基本情况

1.您的性别？【单选题】

○男○女

2.您的年龄？【单选题】

○18岁以下

○18～30岁

○31～50岁

○50岁以上

3.您目前从事的职业？【单选题】

○学生○生产人员○销售人员

○市场/公关人员○客服人员○行政/后勤人员

○财务/审计人员○文职/办事人员○技术/研发人员

○管理人员○顾问/咨询○其他＿＿＿

○专业人士（教师、会计师、律师、建筑师、医护人员、记者等）

4.您的文化水平是？【单选题】

○初中及以下

○高中、中专

○本科、大专

○硕士研究生及以上

5.您的年均收入水平大概是?【单选题】

○10万元以下

○10万~20万元

○20万元以上

二、北京地区文化消费行为现状

6.以下文化消费活动中,您更多参与的是?【请选择1–3项】

○看电视、电影○书籍报刊

○上网○听广播

○参观文化场馆○看文艺演出

○外出旅游○艺术品收藏

○参加教育培训(网课、讲座等)○其他_____

7.如果时间、经济等条件充足,您期望多进行哪些文化消费?【请选择1–3项】

○看电视、电影○书籍报刊

○上网○听广播

○参观文化场馆○看文艺演出

○外出旅游○艺术品收藏

○参加教育培训(网课、讲座等)○其他_____

8.您一般以什么方式获取文化消费产品信息?【请选择1–3项】

○期刊○手机

○电视○广播

○广告宣传○亲友推荐

○其他_____

9.在文化消费的过程中,您更愿意选择哪种消费方式?【请选择1–2项】

○博物馆等

○纺织非遗项目体验活动等

○纪录片、电影、广播戏曲等

○课程、讲座等

○其他_____

10.您愿意将收入的多少用于文化消费?【单选题】

○0~5%

○5%~20%

○ 20% ~ 40%

○ 40% ~ 60%

○ 60% 以上

11. 您进行文化消费的动机主要是？【请选择1-2项】

○ 消遣娱乐

○ 提升文化素养

○ 社交

○ 追求时尚

○ 学习专业技能

○ 个人兴趣爱好

○ 其他____

12. 下列哪项因素最能影响您的文化消费选择？【请选择1-3项】

○ 收入

○ 价格

○ 闲暇时间

○ 个人兴趣

○ 便利、便捷

○ 环境、设施

○ 其他____

三、对于纺织非遗的认识

13. 您了解的纺织非遗有哪些？【多选题】

○ 绣：苏绣、湘绣、蜀绣、粤绣以及少数民族刺绣

○ 织：蚕丝织造、棉麻织造、云锦织造

○ 染：蓝印花布、少数民族蜡染、扎染

○ 服饰：蒙古族、苗族等少数民族服饰以及内联升千层底布鞋制作技艺

○ 其他____

○ 没有了解过

14. 您购买过以下哪些有关纺织非遗的产品？【多选题】

○ 有民族图案、纹样的工艺品

○ 有民族图案、纹样的生活用品或家居品

○ 特色民族服饰配饰、箱包

○ 其他____

○没有购买过

15.您参加过以下哪些纺织非遗活动?【多选题】

○展览:中国纺织非遗创新成果展暨首创非遗设计创新展等

○时尚秀场:锦绣中华——中国非物质文化遗产服饰秀等

○座谈会:纺织非遗传承与创新座谈会

○其他＿＿＿＿

○没有参加过

四、对"纺织非遗+"文化消费的看法和期望

16.在纺织非遗的文化消费过程中,您更倾向于哪类产品?【请选择1-2项】

○服装、配饰

○生活家居用品

○高档艺术品、珍藏品

○DIY体验商品

○图书、音像制品

○其他＿＿＿＿

17.在纺织非遗的文化消费过程中,您更看重哪些因素?【请选择1-4项】

○外观好看、设计新颖有趣

○功能实用

○价格合理

○艺术、收藏价值高

○独具特色与文化内涵

○适合送礼

○其他＿＿＿＿

18.您对文化消费的态度是?【单选题】

○可有可无

○有需求但不会自己购买

○比较重要

○不可或缺

19.您认为生活质量和幸福感与文化消费关联度很高?【量表题】

很不同意○○○○○很同意

20.您对当前北京地区纺织非遗类文化消费产品和服务的种类满意度【量表题】

很不满意○○○○○很满意

21.您对当前北京地区纺织非遗类文化消费产品和服务的质量满意度【量表题】

很不满意 ○○○○○ 很满意

22.您对当前北京地区纺织非遗类文化消费产品和服务的价格满意度【量表题】

很不满意 ○○○○○ 很满意

23.您认为目前北京地区的文化消费氛围如何？【量表题】

极差 ○○○○○ 非常好

24.您认为如何才能更好地促进北京纺织非遗的文化消费？【多选题】

○ 定期免费开放文化艺术场所

○ 鼓励带薪休假，促进消费

○ 大力发展公众文化活动，增加市民参与度

○ 经济繁荣发展

○ 大力发展文化广告、文化标志

○ 其他____

二、北京"纺织非遗+"文化消费问卷调研结果分析

（一）调查问卷整理与调查对象基本情况分析

1.调查问卷汇总与整理

调查问卷发放后，对问卷进行回收操作。主要是通过网络问卷的形式，以直观且清晰地在问卷星平台上统一对问卷数据进行回收操作。问卷星上提供的数据回收方式多种多样，主要有问卷链接、手机邀请、互填问卷、推荐功能等。由于本次的调查对象范围较广，决定采用的方法为问卷链接和手机邀请的方式。

本次调查问卷的调查对象为北京市居民，以自填式在线调查问卷进行网络调查，本次调查共计有252人参加，整体回收率为100%，但是问卷总量的有效性为97.6%，为246份，其余为无效问卷，无效原因为填写地区来源非北京地区或答案间逻辑关系混乱。

2.调查问卷调查对象的基本情况

（1）性别构成

在246个被调查的样本中，男性126人，占比51.22%；女性120人，占比48.78%。根据第六次人口普查，北京市常住人口中男性占比为51.6%，女性占比为48.4%。可见，此次调查是接近实际男女比例的。

（2）年龄分布

为了全面了解各个年龄段的文化消费情况以及对纺织非遗的了解程度，基于当今社

会消费主体主要由青年人和中年人构成，本次调查将主要以青年、中年为调查对象，另外选取少部分青年学生和老年人作为全面了解北京地区居民"纺织非遗+"文化消费情况的补充部分。

根据统计可知，此次调研人群主要是年龄18~50岁的群体。该群体具备较好的文化消费能力。其中，18~30岁的群体比重最大，为52.03%；31~50之间的群体比重为32.93%；18岁以下基本为青年学生，占比7.32%；50岁以上群体占比7.72%。

（3）文化程度分布

文化消费的影响因素也包括人们对文化产品、服务的看法，根据调研数据的分析结果，文化消费的情况会被居民的受教育程度所影响。

根据受教育水平，本次调查对象主要分为以下几类群体：初中及以下、高中和中专、本科和大专、硕士研究生及以上。本次调查对象的文化程度普遍较高，比重最大的是本科和大专学历群体，占42%，其次是高中和中专学历群体，比重为32.9%。此外，硕士研究生及以上群体的数量比重为21.1%，其余群体为初中及以下水平。本次调研的受教育程度契合预期规划。

（4）职业分布

本次调查对象的职业分布广泛，涉及销售、生产、财务、技术、管理、顾问、教师、律师、学生等，其中学生占比最高，为19%；生产人员和顾问、咨询工作者占比最少，为4%。本次调查问卷几乎涵盖了各行各业的从业人员，可以较好地反映出目前北京地区"纺织非遗+"文化消费的总体情况。

（5）年均收入水平

本次调查对象的年均收入在10万元以下的占据52.03%，占比31.71%的是年均收入在10万~20万的调查对象，还有16.26%为年均收入20万以上的高收入人群。本次调查对象年龄处于18~30岁的青年人较多，他们可能是学生或刚就业不久的人群，年收入普遍较低或年收入不稳定，导致本次调查对象的年均收入水平在10万元以下的占比较高。

（二）调查问卷数据分析

1.居民文化消费行为现状分析

（1）文化消费偏好

北京地区消费者在文化消费上的偏好与实际消费有一定的差别。在本次北京地区"纺织非遗+"文化消费的调查问卷中，设置了两项关于居民文化消费偏好的问题，分别是"以下文化消费活动中您更多参与的是？"和"如果时间、经济等条件充足，您期望多进行哪些文化消费？"

根据问卷的回收统计可知，在居民经常参加的文化消费活动中，上网（75.61%）和看电视、电影（70.33%）两项文化休闲娱乐形式是北京地区居民的主流娱乐形式，这与互联网的迅速发展有极大的关系。选择书籍报刊、外出旅游、参观文化场馆和看文艺演出等形式的调研群体的比重均高于五分之一。经常听广播、参加教育培训和外出旅游的受访者不足10%。在居民更希望多参与的文化消费活动中，有一半以上的受访者表示更希望可以以外出旅游的形式进行文化消费；还有接近一半的受访者表示希望以看文艺演出的形式进行文化消费，希望参与看电视、电影和参观文化场馆的受访者超过了30%；更希望以书籍报刊、上网、艺术品收藏的形式进行文化消费的受访者相对较少；希望以听广播和参加教育培训的形式进行文化消费的受访者仅有5.28%，占比最低。

从统计数据来看，目前北京地区居民文化消费相对比较集中，而在文化消费意愿的选择上，看电影或电视、上网、外出旅游、看文艺演出、参观文化场馆等项目都与实际消费相差较大，说明人们在时间、经济等条件充裕的情况下，更愿意放弃上网、看电视或电影等活动，转而选择外出旅游、看文艺演出、参观文化场馆等可以外出体验的项目，人们希望不再"宅"在家中而是去体验更多、更有趣的文化消费方式。除此之外，与人们经常参与的文化消费方式相比，也有一小部分受访者表示更愿意参与艺术品的收藏活动，这可能是因为目前市场艺术品相关活动价格过高导致很多普通人无法参与其中。

（2）居民获取文化信息的方式

科技的发展已经进入人工智能时代，这使文化消费的形式变得更为丰富，如手机、电视、期刊等都可以提供文化消费相关信息。

分析调查结果可知（图7-1），北京地区居民获取文化产品信息的方式主要集中在手机（89.84%）和电视（55.69%），其次是广告宣传（33.74%）、期刊（28.46%）和亲友推荐（23.17%），还有不到10%的受访者会通过广播获取文化消费信息。通过调查发现，手机作为新兴媒体的代表已经成为人们日常获取文化消费信息的主要渠道，电视作为传统的信息渠道也在传播文化消费信息中发挥着不可取代的作用。

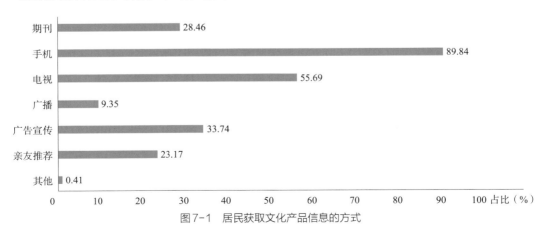

图7-1 居民获取文化产品信息的方式

此外，广告宣传也占有一定的比重，可以考虑未来在广告宣传方面加大力度，以推动更多居民了解到文化消费产品信息。为了了解各年龄阶段对获取文化产品信息方式的差别，本书进行了交叉分析，如表7-1所示。

表7-1　年龄和获取信息途径交叉列联表

单位：人

年龄	期刊	手机	电视	广播	广告宣传	亲友推荐	其他	小计
18岁以下	3（16.67%）	17（94.44%）	10（55.56%）	2（11.11%）	4（22.22%）	3（16.67%）	0（0）	18
18~30岁	35（27.34%）	117（91.41%）	55（42.97%）	13（10.16%）	42（32.81%）	31（24.22%）	0（0）	128
31~50岁	20（24.69%）	76（93.83%）	60（74.07%）	4（4.94%）	34（41.98%）	19（23.46%）	0（0）	81
50岁以上	12（63.16%）	11（57.89%）	12（63.16%）	3（14.79%）	3（15.79%）	4（21.05%）	1（5.26%）	19

从表7-1可以看出，50岁以下的人群都以手机为最主要的文化消费信息获取渠道，这得益于手机的便捷性和普遍性；31~50岁的人群选择电视获取信息的受访者也比较多；50岁以上的人群更多通过电视和期刊获取文化消费信息，这表明年轻人可以更快地接收新兴文化产品，通过手机来搜索自己想要的文化消费信息。所以，在互联网高速发展的当下，通过手机、电视传播文化消费信息可以获得良好的传播效果。在各个年龄段中，广告宣传都占据了一定的比例，而广播占据较少的比重，说明人们很少利用广播获取文化消费信息，可以考虑减少在广播上的投入，把更多资金投入到手机、电视、期刊、广告等人们常用来获取文化消费信息的渠道上。

（3）居民文化消费支出

在本次调查中，采用"您愿意将收入的多少用于文化消费？"这一问题来衡量居民对文化消费的意愿。为了更深入了解居民在文化消费上的支出情况，将年收入与愿意用于文化消费的支出做交叉分析，如表7-2所示。

表7-2　年均收入和支出意愿交叉列联表

单位：人

年均收入	支出意愿0~5%	支出意愿5%~20%	支出意愿20%~40%	支出意愿40%~60%	支出意愿60%以上	小计
10万元以下	34（26.56%）	70（54.69%）	21（16.41%）	1（0.78%）	2（1.56%）	128
10万~20万元	12（15.38%）	54（69.23%）	8（10.26%）	3（3.85%）	1（1.28%）	78
20万元以上	2（5%）	16（40%）	19（47.5%）	3（7.5%）	0（0.00）	40

由表7-2可知，大多数受访者表示愿意用收入的5%～20%用于文化消费，且随着居民收入的增加，愿意花费5%～20%的收入用于文化消费的受访者比例降低，年均收入在20万元以上的高收入人群有接近一半愿意将收入的20%～40%用于文化消费，相比较而言，年收入在10万元以下的居民愿意用收入的0～5%用于文化消费的更多一些，所以，民众在文化消费方面的支出和他们的收入水平之间呈现正比例关系，这也在一定程度上表明，人们在物质条件充足的情况下，会考虑在文化消费上投入更多。

（4）居民文化消费动机

对文化消费的动机能直接反映民众产生消费行为的情况，其通常来自民众潜在的、没有实现的消费需求而引发的紧张情绪等。特别地，这对消费行为的产生发挥着潜在的关键作用。

统计结果显示，大多数受访者愿意通过文化消费提升文化素养，说明大部分人比较注重自身的文化修养，并且愿意通过文化消费的方式来提升自身文化素养。同时，也有接近一半的受访者通过文化消费的方式进行娱乐消遣，有24.8%的受访者因为个人的兴趣爱好而进行文化消费，还有相对较少一部分受访者表示文化消费的目的是追求时尚（15.85%）、社交（14.23%）和学习专业技能（6.5%），为自身兴趣爱好而进行文化消费的受访者相对较少。

为了对北京地域民众的受教育水平和消费动机具备更全面的认知，本书在此开展交叉列联分析，如表7-3所示。

表7-3　文化程度和文化消费动机交叉列联表

单位：人

文化程度	娱乐消遣	提升文化素养	社交	追求时尚	学习专业技能	个人兴趣爱好	其他	小计
初中及以下	7（63.64%）	1（9.09%）	2（18.18%）	1（9.09%）	0（0）	2（18.18%）	1（9.09%）	11
高中、中专	54（67.5%）	29（36.25%）	9（22.68%）	15（18.75%）	1（1.25%）	24（30%）	0（0）	80
本科、大专	40（38.83%）	61（59.22%）	15（14.56%）	18（17.48%）	7（6.80%）	25（24.27%）	0（0）	103
硕士研究生及以上	14（26.92%）	38（73.08%）	9（17.31%）	5（9.62%）	8（15.38%）	10（19.23%）	0（0）	52

由表7-3可知，随着文化程度的提高，希望通过文化消费进行娱乐消遣的人数占比逐渐降低，而希望通过文化消费提升自身素养和学习专业技能的人数占比逐渐上升，说明人们受教育程度越高，人们不仅关注娱乐消遣，还注重自身文化素养，也更愿意学习更多的专业技能。

（5）影响居民文化消费的因素

个人兴趣爱好、价格、闲暇时间和收入成为人们文化消费最主要的影响因素。

统计结果可知，在影响居民文化消费的因素中，个人兴趣占比最高（63.82%），其次是价格（58.54%）的影响较大，还有闲暇时间和收入都有接近一半的受访者选择，而便利、便捷和环境、设施的影响最小，分别为13.01%和8.54%。这表明经济水平的提升使人们开始逐渐注重精神世界的生活状态，所以个人兴趣爱好成为首要的影响因素。价格也是比较重要的影响因素，要保证产品价格合理，不能过高也不能过低。因此，需要适当地减少工作时间、鼓励带薪休假，让人们在时间和经济上更有能力进行文化消费。

2.居民对纺织非遗了解情况现状分析

（1）纺织非遗基本认知情况

人们对纺织非遗的认知情况决定了其在纺织非遗产品及服务上的文化消费情况。目前北京市居民对纺织非遗有一定的认知，但了解并不全面。

由图7-2可知，除3.66%的人对纺织非遗没有任何了解外，绝大多数受访者对纺织非遗有一定的认知，但了解并不全面，相较而言，人们对纺织非遗中的特色民族服饰技艺和刺绣技艺了解更多一些，对织造技艺和印染技艺的了解相对较少，未来可以通过手机、电视等媒介加大对纺织非遗的宣传力度，让更多人对纺织非遗有更全面、更深刻的认知。

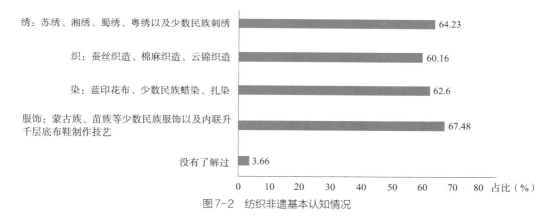

图7-2　纺织非遗基本认知情况

（2）纺织非遗产品购买情况

由图7-3可知，有13.41%的人没有进行过纺织非遗方面的文化消费，这与人们对纺织非遗了解不够有关。在购买过纺织非遗产品的受访者中，人们更愿意购买有特色的民族服饰配饰、箱包和有民族图案、纹样的工艺品，可以通过提供更多的服饰配饰、箱包和工艺品类的纺织非遗产品，来满足消费者在购买上的需求，进而促进"纺织非遗+"文化消费。

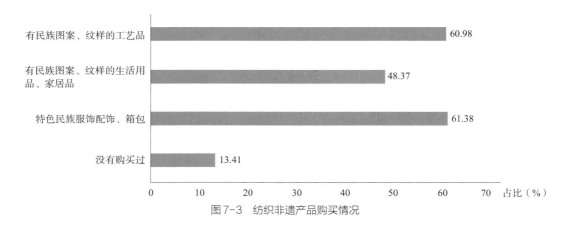

图7-3　纺织非遗产品购买情况

（3）纺织非遗活动参与情况

由图7-4可知，接近一半的受访者表示没有参与过任何纺织非遗相关的活动，在纺织非遗活动中，各项展览活动更受欢迎，其次是各类时尚秀场，较少人参与纺织非遗类座谈会，这说明人们对纺织非遗的展览更感兴趣，可以多举办一些纺织非遗类的展览项目以及纺织非遗类的服装秀场，让人们多参与其中，进而推动人们在纺织非遗项目上的文化消费。

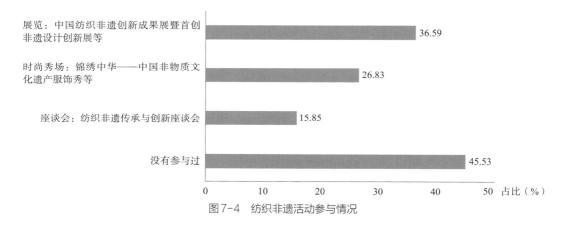

图7-4　纺织非遗活动参与情况

（4）纺织非遗产品消费倾向

本次问卷中采用"在纺织非遗的文化消费过程中，您更倾向于哪类产品？"这一问题，来调查受访者对纺织非遗产品的消费倾向。

由图7-5可知，在纺织非遗产品中，大多数人愿意选择购买服装、配饰类产品，其次是接近一半的人愿意选择购买生活家居用品；愿意购买高档艺术品、珍藏品和DIY体验商品的人也超过20%，相对而言愿意购买图书、音像制品的人最少，只有8.54%。所以，在纺织非遗产品的购买方面，人们会更愿意购买服装、配饰和生活家居用品等实用型商品，其次是一些有收藏和艺术价值的高等艺术品、珍藏品和比较有体验性的DIY体验产品，而图书和音像制品，随着数字化的发展逐渐远离大众视野，在这一点上可以减少图书和音像制品产品的供给，加大服装、配饰和生活家居类产品以及高档艺术品、珍藏品和DIY体验商品的供给，以此来更好地满足消费者的消费需求。

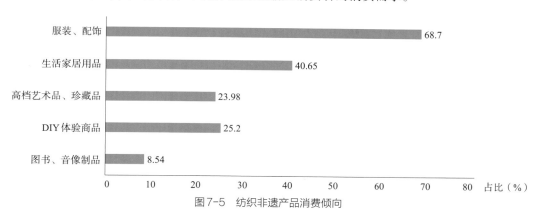

图7-5　纺织非遗产品消费倾向

（5）影响消费者购买纺织非遗类产品的因素

由图7-6可知，在购买纺织非遗类产品的过程中，外观好看、设计新颖有趣，独具特色与文化内涵和价格合理三项都有超过一半的人选择，其中，人们最看重外观好看、设计新颖有趣（65.45%）。其次人们看重的是功能实用和艺术、收藏价值高，选择"适合送礼"的人最少。所以，纺织非遗类产品应该更加注重其外观和设计，要足够好看、新颖、有特点，并且具有相对应的文化内涵，以此来吸引消费者的眼球，同时在保证纺织非遗产品有一定的艺术、收藏价值的同时要保证价格的合理，不可因为艺术收藏价值高、货源较少等原因哄抬物价。

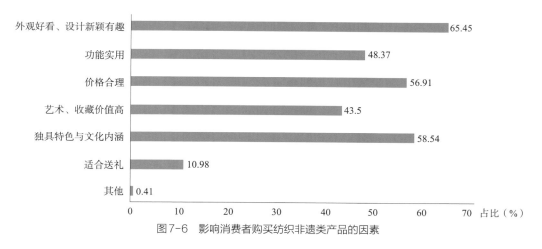

图7-6　影响消费者购买纺织非遗类产品的因素

3.纺织非遗类文化消费满意度评价

（1）居民文化消费观念

消费观念的内涵反映人们对于可支配收入的使用理念和观点，也明确了其对商品价值的追求状况。当人们准备开始进行消费行为的时候，它是消费中对象、行为、过程和方向的具象化表现。本节通过"您对文化消费的态度是？"和"您认为生活质量和幸福感与文化消费关联度很高吗？"两个问题来了解人们目前文化消费的观念。

由图7-7可知，认为文化消费比较重要的受访者较多，占总人数的34.96%；存在29.67%的群体对有偿消费行为意愿不强，更想要免费的文化产品和服务；另外，有18.7%的人觉得文化消费不是必要的，人群总量中只有16.67%的受访者觉得文化消费是非常必要的。

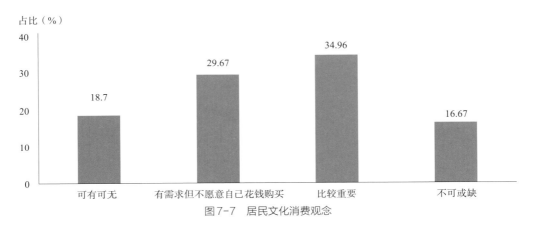

图7-7　居民文化消费观念

由图7-8可知，大多数人认为文化消费与生活质量和幸福感的关联度很高，也有36.18%的人认为文化消费对生活质量和幸福感影响不大，同时小部分人觉得文化消费与这两者没有任何关系。

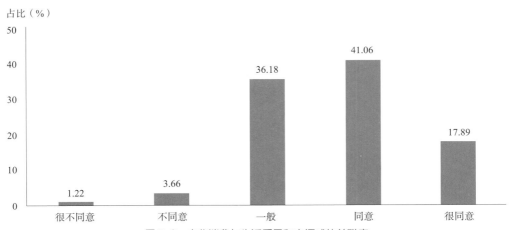

图7-8　文化消费与生活质量和幸福感的关联度

由此可知，目前北京地区居民在文化消费上的观念有待提升，需要培养人们正确的文化消费观念，才能让人们更好地感知文化消费带来的生活质量和幸福感的提升，进而促进人们的文化消费欲望。

（2）居民对纺织非遗类文化消费满意度评价

本节中纺织非遗类文化消费评价主要从个人文化消费产品和服务方面出发，包括纺织非遗类文化消费产品和服务的种类、质量、价格三个方面。

由表7-4可知，表示对纺织非遗类文化消费产品和服务的种类、价格、质量三个方面的满意度一般的占比较大，其次是对纺织非遗类文化消费产品和服务的种类、质量、价格感到满意的占比20%以上；感觉非常满意和不满意的人相对较少，也有极少数人对目前纺织非遗类文化消费产品和服务种类、质量、价格都不满意。这说明目前北京地区纺织非遗类产品和服务总体上发展较好，但还有很大的提升空间，需要增加纺织非遗类产品和服务的种类，让更多元化的纺织非遗产品和服务出现在人们的视野里，提升产品质量，优化服务，控制价格的合理性，从而全方位提升"纺织非遗+"文化消费产品及服务的种类、价格、质量。同时，现有的消费市场对具有文化遗产的无形纺织产品的认可度仍然较低，其背后的原因不仅是对纺织品非物质文化遗产的传统文化价值的了解不足，还在于传统手工纺织产品的生产效率低、成本高，无法满足当前的消费和审美需求。

表7-4 纺织非遗类文化消费产品和服务满意度

单位：人

分类	很不满意	不满意	一般	满意	很满意	小计
种类	4（1.63%）	36（14.63%）	93（37.8%）	78（31.71%）	35（14.23%）	246（100%）
质量	5（2.03%）	25（10.16%）	114（46.34%）	65（26.42%）	37（15.04%）	246（100%）
价格	11（4.47%）	25（10.16%）	120（48.78%）	60（24.39%）	30（12.2%）	246（100%）

（3）促进纺织非遗类文化消费的路径

采用"您认为如何才能更好地促进北京纺织非遗类的文化消费？"的问题，来了解居民更加支持的提升"纺织非遗+"文化消费的路径。由图7-9可知，有65.04%的群体倾向于定期举办免费活动的艺术场所，而超过一半的人群赞同带薪休假制度的实施，同时应该在举办公共文化活动方面投入力量。当然，经济的繁荣发展也是人们认为促进纺织非遗类文化消费必不可少的前提，选择大力发展广告文化、文化标志的人相对较少，但也有超过四分之一的人选择。

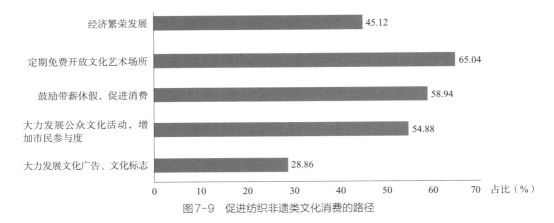

图7-9 促进纺织非遗类文化消费的路径

所以，在经济繁荣和稳定发展的前提下，想要促进"纺织非遗+"文化消费，需要定期免费开放文化场所，来满足一些愿意体验无偿文化消费人群的"纺织非遗+"文化消费需求；要出台政策鼓励人们带薪休假，放松身心的同时带动"纺织非遗+"文化消费；要大力发展公众文化活动，增加市民参与度，让更多人了解并愿意享受"纺织非遗+"文化消费；要大力发展文化广告和文化标志，加大宣传力度，让人们对"纺织非遗+"文化消费有更深的认知。

通过对北京"纺织非遗+"文化消费质量调查问卷的整理和统计分析，北京"纺织非遗+"文化消费存在的问题主要表现在以下三个方面：

①北京"纺织非遗+"文化消费理念较为滞后，不利于文化消费结构的调整。

②北京"纺织非遗+"文化消费创新与深度不够，阻碍文化消费质量的提升。

③居民对北京"纺织非遗+"文化消费的满意度不高，需进一步优化文化消费环境。

三、北京"纺织非遗+"文化消费质量提升路径

通过分析和总结调查问卷的数据，挖掘北京"纺织非遗+"文化消费存在的问题，为北京"纺织非遗+"文化消费的质量提升提出合适的发展路径框架，如图7-10所示。

（一）供给侧：地区性供给优化，区际性供给保真

1.完善保护政策，增强品牌意识

北京地区和合作地区都应加强纺织类非遗项目的保护力度、完善保护政策。尤其在侵权、盗版、仿制等行为上，充分利用政策给予严厉的处罚，共同维护创作者的切身利益。同时，传承人、传承人当地、传承人成果使用地都应增强品牌意识和产权意识，在市场上树立起属于自己的"手艺"品牌，关注创新性产品和服务的自主产权维护，当发

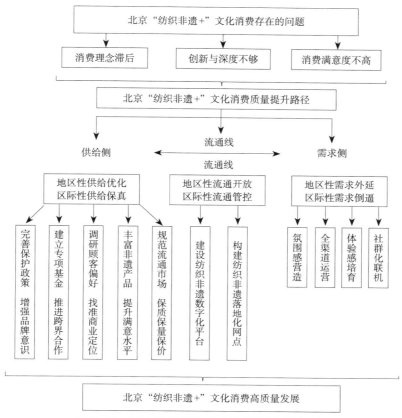

图7-10　北京"纺织非遗+"文化消费质量提升路径

现市场上存在侵犯品牌或产权的行为，要学会互相合作、维护自身的合法权益。唯有让纺织类非遗项目的传承人、继承人拥有品牌和产权意识，才可能进一步消灭侵权的行为，项目的合法权益才能得到进一步保障。

2.建立专项基金，推进跨界合作

通过建立专项基金，联合北京当地的企业、高校或区际的合作企业，不限于纺织类企业，实现跨界企业合作，借助当地各方力量，共同建立专项基金，推进跨界合作，建立纺织类非遗沟通合作平台，举办专题展览、创新性比赛等活动，让更多的人认识和参与进纺织非遗项目的设计和传承，也可以给纺织非遗项目带来无限的可能和生机。

3.调研顾客偏好，找准商业定位

开展专项市场调研，挖掘消费市场的主力军，搜集该消费群体的消费爱好、消费习惯、购物行为以及购物心理等，主动迎合市场的消费需求，同时，根据消费需求变化对现有的纺织类非遗项目产品进行升级改造，确保生产产品符合当下市场消费需求，提升市场占有率。另外，丰富产品的设计性、故事性和代入感，实现产品功能的转变，满足市场中不同消费者的爱好和需求，从而实现纺织类非遗项目的商业价值。

4.丰富非遗产品，提升满意水平

消费者对北京"纺织非遗+"文化消费的满意度较低。虽然北京已经存在一些纺织非遗类的体验项目、展览和秀场等，但是元素引用、创新形式相对较少，一些体验项目也不够专业。对此，可以增加纺织类非物质文化遗产的引入。北京市的纺织非遗项目可以借鉴丹寨苗族非遗体验的项目、昆明拾翠民艺公园的非遗体验、南宁非遗生活馆、上海纺织博物馆等一些比较成熟的案例，在纺织非遗传承人的带领下，购买或制作一些蜡染、扎染、刺绣、织造等纺织非遗产品。如在北京旅游文化村中增加类似的纺织非遗体验项目，通过体验非遗，使人们能简单地学习到纺织非遗的制作，或者亲眼看到纺织非遗的作品，感受前人的智慧，让纺织非遗不仅只是新闻上的文字，更是亲身体验过的文化内容。同时，推动非遗工艺消费市场的开发进程，结合创新理念为民众需要设计出更多的高竞争性产品，从而提升消费满意度。

5.规范流通市场，保质保量保价

借助网络优势，利用网络监管、网络舆论等有效手段，改善市场秩序，让纺织类非遗项目的产品可以投放到稳定的市场竞争中，凭借自身的实力赢得市场的"尊重"，获得更多消费者的认可。同时，从源头关注纺织类非遗项目产品的生产质量，从生产环节开始进行质量把关，给消费者带来保质保量的纺织类非遗项目产品，让更多的消费者信赖产品的质量，助推纺织类非遗项目文化消费质量提升。

（二）流通线：地区性流通开放，区际性流通管控

流通线的建设目的就是通过信息服务平台、线下宣推网点去串联纺织非遗的供给端和需求端，实现"纺织非遗+"供需市场的友好生态，和谐共进。

1.建设纺织非遗数字化平台

纺织非遗的保护与传承不仅迫切，而且需要选择更有效率和先进实用的技术手段及平台具体实施，数字化保护则是包括纺织传统工艺在内的非物质文化遗产保护与传承的新路径。从实际操作层面看，可以设计和搭建一个纺织非遗数字化平台，除了链接项目申报平台，还要包含多形态信息储存、视觉传播与传承、市场化营销推广等多个板块的内容，切实运营成为一个全信息可查询、可参与、可学习、可培训、可体验的官方安全信息宣传服务平台。

2.构建纺织非遗落地化网点

文化、技艺的感知除了通过数字化平台去学习了解、虚拟体验外，还需要借助一定的现实化传承体验设施，所以构建一系列纺织非遗落地化网点有助于强化沉浸式体验，营造非遗文化氛围。通过各网点的链接，特别是区际网点的合作开发，形成包括纺织非物质文化遗产馆、传承体验中心等在内的，集传承、体验、教育、培训、旅游等功能于

一体的纺织非遗传承体验设施体系。

（三）需求侧：地区性需求外延，区际性需求倒逼

1.氛围感营造：教育先行，全民熏陶

无论是北京本地的非遗还是区际性的非遗的宣传和推广，都离不开整个社会对于非遗的文化氛围塑造，要真正保护和传承纺织非遗，就必须要做到"纺织非遗之美美天下"——我知、你知、大家知。

一方面是纺织非遗教育的推进，从学校做起。将纺织非遗内容贯穿纺织教育始终，构建纺织非遗课程体系和教材体系，出版纺织非遗通识教育读本；在中小学开设纺织非遗特色课程，鼓励建设纺织非遗代表性项目特色中小学传承基地；加大纺织非遗师资队伍培养力度，支持代表性传承人参与学校授课和教学科研；引导社会力量参与纺织非遗教育培训，广泛开展社会实践和研学活动。

另一方面是纺织非遗宣传的落地，到大众中去。适应媒体深度融合趋势，丰富传播手段，拓展传播渠道，鼓励新闻媒体设立纺织非遗专题、专栏等，支持加强相关题材纪录片创作，办好相关优秀节目，鼓励各类新媒体平台做好相关传播工作；推出以传播纺织非遗为主要内容的影视剧、纪录片、宣传片、舞台剧、短视频等优秀作品；在传统节日、文化和自然遗产日期间组织丰富多彩的宣传展示活动。

2.全渠道运营：品牌意识，流量启新

"纺织非遗+"要搭建高质量的IP，借助互联网多端口的输送力量以及5G技术、物联网技术、AI技术等，在各类渠道端口上建立起高质量的纺织非遗IP，打造专属于纺织类非遗项目故事IP，让更多的人通过线上线下全渠道的力量认识纺织非遗，从而达成宣传营销的效果。同时，通过打造"纺织非遗+国潮网红"、追踪"纺织非遗+娱乐大事件"、搭建"纺织非遗+终端流量多媒体"等，让纺织非遗故事在互联网的浪潮中开出新的花朵，真正实现"纺织非遗+我"的故事属性，做到可查看、可体验、可购买，从而实现"纺织非遗+"文化消费的质量提升。

3.体验感培育：多维分析，刺激需求

随着技术大幅进步，以"体验经济"为核心沉浸式体验已成为文旅演艺、实景娱乐等行业的发展热点，以文化创意为主导，以技术集成为支撑，通过虚实结合的空间创意和智能互动的业态创新，能有效提升观众和游客的参与度，为游客和观众带来全新体验。

未来"纺织非遗+"要用数字化的手段、沉浸式的表达，充分发掘"纺织非遗+文旅资源"等，加强虚拟现实、人工智能、5G等技术的应用，推动现有实景实物内容向沉浸式内容移植转化，丰富虚拟和现实的双重体验感受，从而找准消费偏好，刺激消费需求。

4.社群化联机：小众钟爱，粉丝效应

从星巴克的咖啡特许经营变为主题咖啡馆、螺蛳粉入选第五批非物质文化遗产清单可以发现，商业模式进入了"转换经济"时代。在新商业模式里，只要得到消费者认可，就可以不断延伸文化价值和商业价值，从而达到快速发展的目的。所以需要找准当前市场消费的味蕾，借鉴潮品对传统非遗产品进行创新，在吸引消费者为非遗产品、体验服务买单的同时，为它的文化价值付费。同时，通过打造"纺织非遗+"社群文化，筛选消费群体，逐渐形成一批小众、忠诚度高的"传承人+"用户群体，集聚粉丝效应，从而实现"纺织非遗+"文化消费的文化价值和商业价值。

第八章　北京"纺织非遗+"文化消费之体验旅游提质行动方案

一、"纺织非遗+"体验旅游问题调研分析

体验旅游是体验经济的组成部分，体验旅游活动是为消费者提供参与性和体验性的活动，使游客在旅游过程中感受乐趣，是体验的一种特殊类型。

体验旅游注重个性化、注重参与性、注重全过程。

①个性化：区别于传统旅游的被动性，体验旅游追求旅游产品和旅游服务的个性化，希望独一无二，满足客户个性化需求。

②参与性：旅客通过参与和互动，获得更深层次感受。

③注重全过程：体验旅游与传统旅游的主要区别在于更注重心理感知以及在参与过程中的理解，在体验中学习感知文化，丰富精神世界。

"纺织非遗+"体验旅游是指在体验旅游中融合纺织非遗元素的新型旅游方式。例如，在体验旅游中加入纺织非遗项目的学习体验，从纺织非遗角度挖掘体验旅游消费升级的同时传播纺织非遗的文化。在这种旅游模式下，旅客可以在体验旅游的过程中学习了解纺织非遗，从而获得丰富、深刻、令人难忘的旅游体验，提升对纺织非遗的重视与了解。

北京作为中国首都，其政治、经济、文化背景吸引着国内外旅客，以纺织非遗的角度去探求北京体验旅游升级，能够较好地响应北京市"十四五"规划——将北京建设成一个具有国际竞争力的创新创意城市。

通过设计调查问卷调查的方式，发现北京市"纺织非遗+"体验旅游存在的问题并且给出相对应的政策建议，从供给侧为政府构建"高精尖"文化产业体系出谋划策。将体验旅游与纺织非遗相结合，构建完备的"纺织非遗+"体验旅游产业服务体系，不但有利于社会经济发展，也使纺织非遗得到重视与传承。

（一）调查问卷设计及基本情况分析

1.调查问卷准备与发放

（1）调查问卷的设计

调查的内容是针对北京"纺织非遗+"体验旅游的现状和问题建议，具体的调查问题涉及了调查对象基本信息、非遗、体验旅游、纺织非遗、"纺织非遗+"体验旅游五大方面，调查问卷的题目共计18道题，调查问卷如下。

北京市"纺织非遗+"体验旅游现状及发展建议调查问卷

本调查问卷针对的对象：在京常住的北京居民、来过北京的外地居民以及未到过北京的外地居民

1. 您的年龄？

A. 18岁以下　　　　　B. 19～30岁　　　　　C. 30岁以上

2. 您的职业是？

A. 学生　　　　　B. 机关事业单位人员　　　　　C. 企业、个体户

3. 您的年均收入水平是？

A. 10万以下　　　　　B. 10万～20万　　　　　C. 20万以上

4. 您是否曾经来京旅游？（选B项请跳至第14题继续作答）

A. 是　　　　　B. 否

非遗（非物质文化遗产）是指被各群体或者个人所视为文化遗产的各种实践、表演、表现形式及其有关的工具、实物和文化场所。纺织非遗是指涉及传统美术、传统技艺以及民俗等类别的非遗（例如刺绣、印染、民族服饰图案）。

5. 北京作为中国的首都，是全国纺织非遗的集合地。您了解的纺织非遗的有哪些？（多选题）

A. 绣：鲁绣、苏绣、夏布绣等

B. 织：余姚土布制作技艺、南通蓝印花布、土家织锦等

C. 染：苗族蜡染技艺、黎族传统纺染织绣技艺等

D. 服饰：苗族服饰

E. 其他

6. 您通常获取北京纺织非遗信息的渠道是？（多选题）

A. 教育：线上或线下课程、专业培训班

B. 媒体：纺织非遗宣传、新闻联播、纺织非遗公众号

C. 活动：纺织非遗项目活动举办、纺织非遗时装秀场

D. 身边亲友推荐

E. 其他

7. 您在北京购买过哪些纺织非遗的产品？（多选题）

A. 有民族图案、纹样的工艺品

B. 杯子等生活用品、家居用品

C. 特色服饰配饰、箱包

D. 没有购买

8. 您在北京购买纺织非遗产品的金额是？

A. 0～100元 　　　　　　 B. 100～500元 　　　　　　 C. 500元以上

体验旅游是指能为游客提供参与性和亲历性活动，使游客从感悟中感受愉悦的旅游方式，使旅游可参与、可互动、可感受、可享受。例如，下乡干农活体验乡村乐趣，故宫旅游体验古装照拍摄、特色地区学习当地刺绣技艺等。

9. 您在北京参加过哪些类型体验旅游？（多选）

A. 娱乐消遣型体验旅游

B. 知识教育型体验旅游

C. 挑战极限类体验旅游

D. 视觉效果类体验旅游

E. 其他

F. 没有参加

10. 您在北京哪些场所有过体验旅游（多选）？

A. 体验场馆、基地

B. 旅游景点、旅游小镇

C. 培训机构

D. 农场等特色场所

E. 其他

11. 您对北京的体验旅游活动满意程度？

满意程度	不满意	一般满意	非常满意
内容的趣味性			
参与的多样性			
文化的深层次			
价格的合理性			
体验的环境			

12. 您认为相较于北京地区的其他地区的体验旅游在哪些方面对改善北京地区的体验旅游具有借鉴意义？

A. 更具有地方特色

B. 参与的形式更多样

C. 环境更好

D. 没到非北京地区旅游

"纺织非遗+"体验旅游是指在体验旅游的场所融入纺织非遗的元素所形成的一种旅游方式，具有纺织非遗的特色，传播中国纺织非遗的文化。

13. 北京"纺织非遗+"体验旅游发展还在起步阶段，您认为北京目前"纺织非遗+"体验旅游的困难是？（多选）

A. "纺织非遗+"体验旅游的信息宣传不到位

B. 北京"纺织非遗+"体验旅游的融合形式单一

C. 当地有关政府不够重视，缺乏有效的政策支持

D. 其他

14. 在宣传方面，您赞成以怎样的方式促进北京"纺织非遗+"体验旅游的发展？（多选）

A. 拍摄纺织非遗的纪录片在电视台播放，发挥明星效应带动

B. 举办各种纺织非遗活动（例如展览、时装秀）

C. 发放给居民相关资料，例如宣传册、海报

D. 在学校开设相关纺织非遗保护课程

E. 其他

15. 您认为哪些方式可以促进北京"纺织非遗+"体验旅游的发展，使纺织非遗的元素与体验旅游融合形式更具多样化？（多选）

A. 活动：举办中国纺织非物质文化遗产大会等官方活动

B. 时尚秀场：纺织非遗与服饰时尚秀场、服饰设计大赛、纺织非遗相关的服饰拍卖会

C. 亲身体验：参观体验织布、刺绣、蜡染的过程，穿特色服饰拍摄

D. 展览：纺织服饰的展览（例如在景点、艺术院校、美术馆、博物馆、北京非遗中心的纺织服饰展览）、纺织服饰与其他产品的联合展览

E. 其他

16. 在政府政策扶持方面，您认为哪些方式可以促进北京"纺织非遗+"体验旅游的发展？

A. 政府提供专门的纺织非遗发展资金

B. 政府颁布相关政策保护纺织非遗以促进"纺织非遗+"体验旅游的发展

C. 对发展纺织非遗相关的企业实行税收优惠政策

D. 政府牵头为北京"纺织非遗+"体验旅游输送优秀人才

17. 您认为北京"纺织非遗+"体验旅游能够长远发展的关键因素有哪些？（多选）

A. 本身是否具有文化价值

B. 是否能够不断创新，适应时代发展，实现自身的价值

C. 是否能够商品化，创造经济效益

D. 政府政策支持

18. 您认为相较于北京地区，非北京地区的"纺织非遗+"体验旅游在哪些方面对改善北京地区的"纺织非遗+"体验旅游具有借鉴意义？（多选题）

A. 纺织非遗传承人宣传工作更具体到位

B. 体验的内容更有纺织非遗特色，参与程度更高

C. 体验内容更有丰富性，与其他产品和文化结合更有趣味性

D. 没有体验过非北京地区的"纺织非遗+"体验旅游

（2）调查方式与问卷回收

利用问卷星抽样调查的方式进行调查。其理由是通过问卷星即可形成专属的调查问卷二维码，相比于传统的线下发送调查问卷更能节约时间和节省经济成本，并且线上发送调查问卷受众范围更广，也可以利用调查问卷的工具在后台形成初步的数据，自己再统计分析即可。

本次调查问卷的调查对象包括在京居民，以及曾经来京旅游的旅客和未曾来京的居民。本次调查共有284人参加，共计获得284份调查问卷，其中4份逻辑不通顺或存在漏答题情形进行作废处理，有效份数280份，回收率为98.6%。

2. 调查对象基本情况分析

（1）来京情况

总共收集284份调查问卷报告，其中曾经来京旅游的人数占比54.93%，一共156人，未曾来京旅游的人数占比45.07%，一共128人。

分析可知，来京旅游的比例和未曾到京旅游的人数比例相近，大致趋于50%，但是总体上看曾经来京的旅客所占比例仍然比未曾来京的比例高，这说明北京的旅游业发达，吸引国内各个地方的旅客前往。

（2）年龄分布

考虑到当代社会消费群体主要是由青年和中年构成，是支柱力量，所以调查的群体主要针对中青年，并以少部分的老年人作为补充。体验旅游需要沉浸在体验项目之中，年轻消费群体对于新鲜事物的接受度更高，参与的程度更大，同时也是主要的体验旅游

购买群体。面向各年龄层进行调查，可以更全面地了解北京市的"纺织非遗+"体验旅游情况和所出现的问题。

分析可知，调查对象年龄主要集中在19~30岁和30岁以上的群体，他们具有强大的消费能力，在曾经来京旅游和在京旅游的旅客中，年龄在19~30岁的占比88.46%，共138人；年龄在30岁以上的占比8.33%，共13人；未成年人占比3.21%，仅为5人。

（3）职业分布

分析可知，本次调查对象的职业覆盖范围广泛，其中学生占比最高，为75%；企业、个体户占比15.14%；机关事业单位人员占比9.86%，职业分布情况可以较好地反映出目前北京市"纺织非遗+"体验旅游的消费情况。

（4）收入分布

分析可知调查对象收入分布情况是：年收入10万元以下的占比80.77%，一共126人；年收入在10万~20万的占比13.46%，共21人；年收入20万以上的高收入人群占比较低仅有9%。由于调查对象年龄在大多处于18~30岁，学生人数占据其中的75%。所以反映在问卷调查中收入水平较低，但是青年人仍然是旅游业、娱乐行业的主要消费人群。

（二）北京"纺织非遗+"体验旅游问卷数据分析

基于调查问卷分析结果，我们从纺织非遗、体验旅游、"纺织非遗+"体验旅游三个方面分析北京"纺织非遗+"体验旅游的现状。

1. 纺织非遗方面

（1）纺织非遗基本情况认知欠缺

民众对于纺织非遗的基本认知影响其对纺织非遗产品的消费数额。当前，民众对于北京纺织非遗的认识较少，不了解的人数占比高于了解的人数。

据统计结果分析可知，没有了解纺织非遗的比例为59.86%，接近60%；认识纺织非遗类目的民众占比大致40%，少于不了解的人数。同时不难看出民众对纺织非遗的具体类别认知中刺绣类占比最高，为26.06%；服饰类了解最少，为10.21%；织造类和印染类占比大致相同，分别为14.08%和16.9%。民众对纺织非遗整体认识程度不高，之后可以通过手机等媒体进行宣传纺织非遗的信息，使人们重视纺织非遗。

（2）纺织非遗产品消费能力偏低

通过调查问卷挖掘民众对纺织非遗产品的购买偏好以及对纺织非遗产品的购买金额，分析得出民众对于纺织非遗产品的消费能力。通过分析民众购买产品的偏好和购买产品的支出金额，在纺织非遗产品的生产和定价方面给出建议。

据统计结果分析可知，有超过60%的消费者没有购买过纺织非遗产品。在购买过纺织非遗产品的民众中，人们更倾向购买具有民族图案、纹样的工艺品，排名第二第三的，分别是有纺织非遗元素的杯子等生活用品和家居用品以及特色服饰配饰以及箱包，各占比约20%。在纺织非遗产品供给时，可以多提供有民族图案、纹样的工艺品以及特色箱包服饰的纺织非遗周边产品，满足民众的需求。

此外，消费纺织非遗产品金额在100元以下的有108人，占比约70%；100～500元的占比约24%；消费500元以上的仅仅不到10%。从对纺织非遗产品的消费支出看，调查对象更倾向于购买一些有纺织非遗元素的周边产品，如杯子、零钱包、生活家居用品等，说明调查对象对纺织非遗的重视度不够高，在对纺织非遗产品的定价时需要考虑民众对纺织非遗产品的支出金额，并且多提供中端纺织非遗产品，提供高质量的产品供给。

（3）纺织非遗信息获取渠道较少

现代自媒体、互联网发达，人们获取纺织非遗信息的渠道也多种多样，主要通过五大方面，分别是教育（线上或线下课程、专业培训班）、媒体（纺织非遗宣传、新闻联播、纺织非遗公众号）、活动（纺织非遗项目活动举办、纺织非遗时装秀场）、身边亲友推荐及其他方面。本书通过民众对纺织非遗信息获取渠道的进行分析，针对现状给出在媒体渠道的具体宣传建议。

分析可知，调查对象获取纺织非遗信息的渠道主要是通过媒体（纺织非遗宣传、新闻联播、纺织非遗公众号），占比为56.41%，接近60%；排名第二是教育（线上或线下课程、专业培训班），占比26.28%；排名第三是活动（纺织非遗项目活动的举办、纺织非遗时装秀场），占比23.72%；最后才是身边亲友推荐。

由此可知，媒体的快速发展已经成为民众获取纺织非遗信息渠道的主要方式，媒体主要包括了手机端、自媒体视频、广告、影视四大类型，在给出具体的政策建议时可以在媒体方面加大宣传投入，通过媒体的传播效应推动民众了解关注纺织非遗。

2.体验旅游方面

（1）体验旅游项目类型单一

本书将体验旅游活动划分为四大类型，分别是娱乐消遣型体验旅游、知识教育型体验旅游、挑战极限类体验旅游、视觉效果类体验旅游。通过调查人们对体验旅游活动类型的参与度，在未来规划体验旅游具体类型时有所侧重。

分析可知，参加过北京体验旅游的占比接近70%，说明北京体验旅游发展前景良好。在参加过北京体验旅游的民众中，娱乐消遣型体验旅游占比57.04%；知识教育类体验旅游排名第二，占比28.52%；视觉效果类体验旅游占比24.65%；挑战极限类体验旅游参与人数最少，占比不到10%。

调查结果得出，可以在未来着重发展娱乐消遣型体验旅游，策划丰富有趣的体验旅游活动并且落地实施，同时要兼顾知识教育类和视觉效果类体验旅游项目，将挑战极限类体验旅游项目作为补充，满足少部分民众的个性化需求。

本书将北京体验旅游的场所划分为五大类，分别是：第一类，体验场馆、基地；第二类，旅游景点、旅游小镇；第三类，培训机构；第四类，农场等特色场所；第五类，其他体验旅游场所。通过分析民众参与体验旅游的场所，在未来北京体验旅游项目建设中多实施民众最集中参与场所的策划案。

从图8-1可知，旅游景点、旅游小镇已经成为民众主要的体验旅游参加场所，占比高达57.04%；体验场馆、基地，成为排名第二的北京体验旅游参与场所，占比为32.39%；最后才是培训机构和农场等特色场所，占比在10%以下。

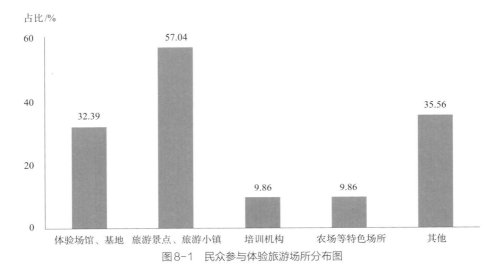

图8-1　民众参与体验旅游场所分布图

由调查结果可知，可以将民众喜欢参加的娱乐消遣型以及知识教育型的体验旅游活动集中举办在旅游景点、旅游小镇以及体验场馆、基地。通过将民众对北京体验旅游偏好类型和集中参与体验旅游场所相结合，提升民众对北京体验旅游活动的参与度和满意度，从而让北京体验旅游更高质量、更快速发展。

（2）体验旅游项目满意度不高

从北京体验旅游活动内容的趣味性、参与的多样性、文化的深层次性、价格的合理性和体验环境五大方面考察人们对北京体验旅游活动的满意程度。北京旅游业发达，作为首都吸引着国内外的游客，体验旅游是旅游业的表现形式之一，民众对北京体验旅游活动的满意程度，能侧面反映出北京体验旅游活动出现的问题。

分析可知，民众对北京体验旅游活动最满意的是文化的深层次，占比50%，说明北京体验旅游活动拥有深厚的文化底蕴；排名第二的是内容的趣味性，占比33.33%；参与的多样性与体验环境不分伯仲，占比都在30%以下。说明北京体验旅游在活动多样性以及体验场所的环境上要有所改进。同时从柱状图可知，民众对北京体验旅游活动价格的合理性最不满意，占比16.03%，在未来北京体验旅游项目建设中应考虑合理定价，使民众在体验旅游中觉得物有所值。

3."纺织非遗＋"体验旅游方面

（1）"纺织非遗＋"体验旅游发展问题凸显

将北京"纺织非遗＋"体验旅游存在问题分为三大方面，分别是"纺织非遗＋"体验旅游信息宣传不到位、"纺织非遗＋"体验旅游融合形式单一、当地有关政府不够重视，缺乏有效政策支持。通过调查人们对目前存在问题的投票比例挖掘目前北京"纺织非遗＋"体验旅游存在的关键问题，并针对出现的问题给出相对应的政策建议。

从图8-2可知，"纺织非遗＋"体验旅游的信息宣传不到位已经成为最主要的问题，占比68.59%，这说明关于北京"纺织非遗＋"体验旅游的信息宣传稀少，在宣传的途径以及宣传的内容上都不到位。出现的第二个问题是北京"纺织非遗＋"体验旅游的融合形式单一，占比为47.44%；最后才是当地有关政府不重视、缺乏有效的政策支持，占比30.13%。

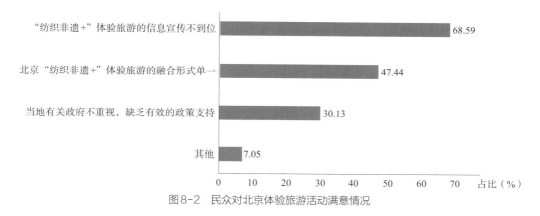

图8-2　民众对北京体验旅游活动满意情况

调查分析可以得出，北京"纺织非遗＋"体验旅游出现的主要问题还是自身缺乏相关内容和宣传渠道，体验旅游跟纺织非遗融合的形式单一缺乏多样性。政府政策的支持不是关键问题而是影响因素。在未来发展北京"纺织非遗＋"体验旅游过程中应关注自身建设将政府政策作为补充，突出改进的重点。

（2）"纺织非遗＋"体验旅游发展关键要素集中

本书发布调查问卷，在"您认为北京'纺织非遗＋'体验旅游能长远发展的关键因素有哪些？"这一题中，调查问卷设置了四个方面，分别是：第一，本身是否具有文化价值；第二，是否能够不断创新、顺应时代发展，实现自身的价值；第三，是否能够商品化，创造经济效益；第四，政府政策支持。本书通过民众对北京"纺织非遗＋"体验旅游长远发展关键因素的投票，探究未来活动项目建设的重点关注之处。

分析可知，78.85%的民众认为北京"纺织非遗+"体验旅游能够长远发展的关键因素是此体验旅游项目能够不断创新，适应时代发展，实现自身的价值；70.51%的人认为是体验旅游项目本身是否具有文化价值；能否商品化和政府政策支持投票大致相当，虽然不是长远发展的最关键因素但仍然是重要因素，占比在50%左右。

调查结果分析可得，北京"纺织非遗+"体验旅游在未来发展的过程中应注重体验活动项目的创新，做到与时俱进，突出其自身的价值，同时要融入纺织非遗的元素来达到传播纺织非遗深厚的文化底蕴的目的。

北京"纺织非遗+"体验旅游的发展不能故步自封，应当学习和借鉴其他地区的优点，取其精华、去其糟粕，不断学习，打造独具特色的北京"纺织非遗+"体验旅游活动。本书在调查问卷中，曾经去过非北京地区体验旅游的民众，为发展北京地区的体验旅游提供借鉴建议。选项设置四大方面：第一，非北京地区纺织非遗传承人宣传工作更具体到位；第二，非北京地区体验的内容更有纺织非遗特色，参与程度更高；第三，非北京地区体验内容更有丰富性，与其他产品和文化结合更有趣味性；第四，没有体验过非北京地区的"纺织非遗+"体验旅游。

分析可知，参加过北京"纺织非遗+"体验旅游的民众中，有41.03%的人没有参加过非北京地区的体验旅游项目；约60%的人参加过非北京地区体验旅游。62.82%的民众认为非北京地区的纺织非遗传承人宣传纺织非遗更具体到位；61.54%的民众认为非北京地区体验的内容更有纺织非遗特色，参与程度更高，两者占比大致相同。

调查问卷分析可得，北京的"纺织非遗+"体验旅游应该向非北京地区学习如何改进体验内容，让体验旅游与纺织非遗更好地融合，更有纺织非遗特色。在未来北京地区"纺织非遗+"体验旅游中可以通过纺织非遗传承人的人才引进以及学习借鉴非北京地区纺织非遗与体验旅游的融合形式，推动提升北京地区"纺织非遗+"体验旅游项目的高质量发展。

（3）"纺织非遗+"体验旅游宣传不到位

本书通过调查问卷探究在宣传方面，如何促进北京"纺织非遗+"体验旅游的发展，将宣传途径分为四大类，分别是：第一，拍摄纺织非遗的纪录片，并在电视台播放，发挥明星效应带动；第二，举办各种纺织非遗活动，例如展览和时装秀；第三，发放给居民相关资料，例如宣传册和海报；第四，在学校开设相关纺织非遗保护课程。通过分析人们对四大宣传途径的赞成比例，在未来北京"纺织非遗+"体验旅游的宣传途径上有所侧重。

分析可知，民众中有78.21%的人赞成通过拍摄纺织非遗的纪录片，并在电视台播放，发挥明星效应带动纺织非遗；有70.51%的人希望通过举办各种纺织非遗活动（例如展览、时装秀）对北京"纺织非遗+"体验旅游活动进行宣传；发放给居民相关资料和在学校开设相关纺织非遗保护课程的赞成比例大致相同，接近45%，说明媒体渠道以及举办活动渠道是人们最支持的两种宣传方式，也是"纺织非遗＋"体验旅游信息传播最高效和便捷的宣传渠道，可以考虑在宣传中侧重媒体和活动，给出具体的宣传落地策划。

（4）"纺织非遗＋"体验旅游项目融合形式单一

本调查挖掘纺织非遗视角下北京体验旅游活动如何发展，及民众所支持的纺织非遗与体验旅游融合形式，对构思创建"纺织非遗＋"体验旅游的项目具有指导作用。本书将融合形式分为四大类，分别为：第一，活动：举办中国纺织非物质文化遗产大会等官方活动；第二，时尚秀场：纺织非遗与服饰时尚秀场、服饰设计大赛、纺织非遗相关的服饰拍卖会；第三，亲身体验：参观体验织布、刺绣、蜡染的过程、穿特色服饰拍摄；第四，展览：纺织服饰的展览，例如在景点、艺术院校、美术馆、博物馆、北京非遗中心的纺织服饰展览，纺织服饰与其他产品的联合展览。通过分析民众对四大融合形式的赞成比例，考虑在体验旅游项目举办策划中，迎合民众的需求，提供高质量的"纺织非遗＋"体验旅游文化供给，打造北京高质量文化产业体系。

分析可知，民众中70%的人认为通过时尚秀场的方式可以促进"纺织非遗＋"体验旅游的发展，是赞成比例最高的融合形式；排名第二的是举办官方活动，所占的比例为68.59%；在亲身体验和展览方面民众的支持比例大致相同，接近60%的比例。民众对于"纺织非遗＋"体验旅游的融合形式没有明显的偏好程度，但是对活动和时尚秀场支持程度更高。

调查问卷可知，在未来北京"纺织非遗＋"体验旅游融合形式方面，对活动、时尚秀场、亲身体验、展览四大方面都应该给出具体的政策建议，而不只是局限于个别融合形式。

（5）"纺织非遗＋"体验旅游有效政策力度不够

"纺织非遗＋"体验旅游的发展不仅需要自我提升，也不能缺少当地政府的支持。调查问卷针对政府政策扶持方式分为四大途径，分别是：第一，政府提供专门的纺织非遗发展资金；第二，政府颁布相关政策保护纺织非遗以促进"纺织非遗＋"体验旅游的发展；第三，对发展纺织非遗相关的企业实行税收优惠政策；第四，政府为北京"纺织非遗＋"体验旅游输送优秀人才。通过调查民众对政策扶持的四大途径，挖掘今后发展"纺织非遗＋"体验旅游，北京市政府应该在哪些方面做出支持。

分析可知，民众对北京"纺织非遗＋"体验旅游政府政策扶持对策没有明显的偏好，四种渠道分布比较均衡。排名前二的分别是政府颁布相关政策保护纺织非遗以促进"纺织非遗＋"体验旅游的发展（占比76.92%）和政府提供专门的纺织非遗发展资金（占比69.23%）。说明北京市政府在政策扶持时，应当先考虑这两大方面，颁布专业的法律法规和管理办法，以规范整个行业的发展，同时相关政策也起到表率作用，提升民众对"纺织非遗+"体验旅游的重视程度；专门的纺织非遗发展资金，可以对相关的"纺织非遗+"体验旅游项目进行资金扶持，使更多的企业参与此行业发展中，注入新的血液。

二、北京"纺织非遗+"体验旅游生态系统构建

目前，非遗的各项活动开展得如火如荼，但许多活动存在肤浅化、同质化的现象，缺乏文化元素的引入细节、缺乏文化内容的宣传渠道、与纺织非遗的融合形式单一，未能让民众深入了解非遗的历史，深刻体会非遗的精髓。结合上述问题和北京市各项优势条件，可以通过搭建"一核两翼三工程四保障"纺织非遗体验旅游生态系统解决现存问题（图8-3）。

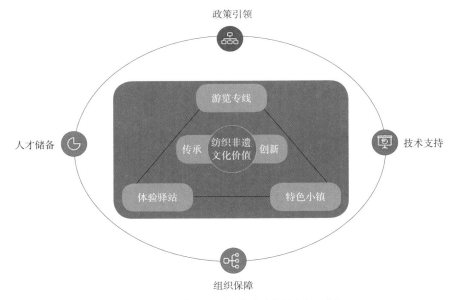

图8-3 北京"纺织非遗+"体验旅游生态系统图

（一）"一核"

"一核"是指"纺织非遗文化价值"，弘扬、创建、体验、传承纺织非遗文化价值是纺织非遗在北京实现拓展商业路径的关键，也是推动非遗传承的原始驱动力。

（二）"两翼"

"两翼"是指传承和创新，在推动"纺织非遗+"的过程中，遵循事物发展的规律，在坚守中传承，在传承中不断创新，创新传承方式、传承创新方法。要在坚守传统的基

础上，通过多种形式让纺织非遗走进学校、走进课堂、走进社区，让更多的人了解纺织非遗、走近非遗、爱上非遗。

（三）"三工程"

"三工程"是指建设"纺织非遗+"体验驿站、开辟"纺织非遗+"游览专线、打造"纺织非遗+"特色小镇工程。

1.建设"纺织非遗+"体验驿站

在北京各个辖区、近郊地点等按类别或工艺建设非遗专题体验驿站，如朝阳区设立"锦绣中华"纺织非遗刺绣体验驿站，东城区设立"墨染星河"纺织非遗刺绣体验驿站，西城区设立"经纬山海"纺织非遗织造体验驿站等，以突出参与感为主，结合现代科技如VR、AR、全息舞台等沉浸式体验；展览各项纺织非遗成品，周边产品和采用非遗花纹、元素的其他衍生产品；不同于其他类型的非遗组织活动，体验驿站的展位为长周期或永久设置，方便蜡染等制作流程较为冗长，需要配套设施较多的纺织类非遗项目进驻。民众可以自行选择感兴趣的纺织类别到站参观，增设个性化定制或"非遗传承人指导+个人制作"环节，增强参与体验感。

2.开辟"纺织非遗+"游览专线

便捷的游览专线是保障非遗旅游生态运作的关键。开辟北京"纺织非遗+"体验旅游专线——FZ**路，途经固定线路并派发游览手册，连接各非遗驿站和特色小镇，降低出游门槛，各项游览设施可通过游客转发宣传、赠票，达到广泛传播提高认知度的目的。定期可以举办线路特别日活动，如"绣娘之花　绽放芳华"体验日活动，参观各个驿站及小镇的纺织非遗绣品。

3.打造"纺织非遗+"特色小镇

促进政企校多方联合，和有意向的镇级政府、企业、学校合作，建设"纺织非遗+"特色小镇。

（1）点线面体，让非遗心手相融

增设纺织非遗宣传站点、博物馆，打造非遗特色民族一条街、与区级文旅单位合作非遗类趣味活动；增加非遗传统元素的使用度，在宣传栏、街边广告牌等设施统一使用非遗元素、民族服装志愿者等；学校内增设非遗兴趣课，与非遗传承人或弟子合作，周期性开课讲述非遗项目的历史、文化、技艺，做到普及非遗从娃娃做起；签约部分有意向的传承人开办传承工作室、通过集中培训、学习交流、实践锻炼、考察调研等方式，为纺织非遗产业培养具有高学历、高技能、高层次的非遗市场经营管理人才；产教融合的具体形式可以通过订单培养、校企联合培养试点、现代学徒制试点、非遗传承人培养等方式实现。

（2）天马行空，让创意肆意遨游

在非遗小镇中定期策划主题活动、甄选特色地点、"直播＋电商"新手段，多角度深度助力纺织非遗文化资源传播，搭建服饰文化对话平台；举办"纺织非遗专题"论坛，促进民族服饰文化与产业发展的研究；举办"刺绣纹样设计大赛""民族服饰创新设计大赛"等文创设计比赛，开发设计民族刺绣文化创意产品，展示少数民族服饰文化的传承与创新应用。

（3）与时俱进，让文化推陈出新

打造"互联网＋走出去"民族文化推广机制。通过直播、短视频、公众号、微博等新媒体立体展示纺织非遗的历史传承、发展轨迹、制作技艺等内涵信息，除了普通的新闻信息外，还包含实用的、丰富的、互动的信息，以自采内容和自发内容加以丰富；深入挖掘各项纺织类非遗历史痕迹，提炼内涵，全新演绎，将资讯内容整合成商业元素，将带有浓郁地域气息的文化，推到大众视野最前线，同时，提升区际文化小镇与非遗知名度，创造共赢文化收益。

（四）"四保障"

"纺织非遗＋"体验旅游需要与时俱进，符合市场的需求，才能长远发展，推动北京体验旅游的升级。需要政策引领、技术支持、组织保障、人才保障四大保障，为北京市纺织类非遗生态建设和社会经济发展保驾护航，使其成为一个内涵稳健、自驱创新、不断升级的发展型新生态。同时，我们要对纺织非遗有深刻的文化认同感和民族自豪感，才能更好地投入建设"纺织非遗＋"体验旅游活动项目，为打造高精尖北京体验旅游、将北京打造成"纺织非遗＋"体验旅游全国标杆城市做出应尽之力。

1.政策引领

（1）实施"纺织非遗＋"体验旅游项目专项扶持政策

为参与"纺织非遗＋"体验旅游项目建设的地区、企业、院校制定专项扶持政策，在各项政策方面予以扶持，同时通过政府引导，吸引人才、社会资本、技术向非遗小镇集聚，发挥小镇在创意研发、品牌培育、渠道建设、市场推广等方面的引领示范作用，带动"纺织非遗＋"项目规模化、集群化发展；创设"纺织非遗＋"项目基金，用于"纺织非遗＋"项目的推介、营销宣传、品牌打造、企业扶持、产品研发、技术培训等，拓展产业发展后劲；对"纺织非遗＋"工程施行税费优惠和相关补贴，贯彻落实在非遗驿站、非遗小镇中支持文化创意产业发展的税收、资产和土地处置、工商登记等方面的优惠政策，形成立体多维的政策体系，对纺织非遗工程实行免缴所得税和各种费用，放宽对纺织非遗产品和服务的生产及营销的注册登记，并给予房租、厂租等相关费用的补贴，推动"纺织非遗＋"体验旅游生态系统的健康有序发展。

（2）实施"纺织非遗+"体验旅游项目金融帮扶计划

引导银行、保险和证券机构等根据刺绣企业的特点建立专业化的服务团队，开展针对刺绣企业的金融服务方式创新，建立科学合理的文化创意产业无形资产评价机制和信用评级制度，实现版权、著作权、收益权、销售合同、设计创意及个性化服务等无形资产的评估、质押、登记、托管、投资、流转和变现。

（3）招商引资支持"纺织非遗+"体验旅游项目开展

选定一批具有市场基础及发展潜力的"纺织非遗+"相关资源，招商引资进行项目开发。吸引社会力量开设纺织非遗技艺工作室，搭建纺织非遗技艺展示、传习场所和公共服务平台，举办纺织非遗技艺的宣传、培训、研讨和交流合作等。拓宽"纺织非遗+"项目企业的融资渠道，支持非遗驿站、非遗小镇、各类参与企业以项目融资、租赁融资、发行信托计划和保险资金等方式投资"纺织非遗+"产业。

2. 组织协调

（1）成立北京"纺织非遗+"体验旅游项目发展协调小组

依托相关政府部门，成立北京"纺织非遗+"体验旅游项目发展协调小组，在相关机构加挂协调小组办公室牌子。制定出台扶持北京"纺织非遗+"体验旅游项目发展的政策措施，建立协调有效的项目发展工作领导与协调机制，有效推进北京"纺织非遗+"体验旅游项目发展规划的实施。

（2）成立北京"纺织非遗+"行业协会

成立北京"纺织非遗+"行业协会，规范纺织非遗发展的中介服务，制定产品质量行业标准，组织或支持开展面向传承人、非遗爱好者的培训和交流等活动，并提供信息发布、权益维护等服务。引导和扶持行业协会组建、凝聚纺织非遗经纪人队伍、交流市场信息和营销策略等，推动纺织非遗生态系统中的产品、服务实现产业化发展。

3. 技术支持

（1）建设"纺织非遗+"公共服务平台

在非遗小镇建设"纺织非遗+"公共服务平台，建立"纺织非遗+"行业市场研究基础数据库，通过平台整合行业资深人士、营销专家和市场研究机构，采集基础数据，定期面向项目参与企业、传承人等发布相关市场资讯，协助企业、传承人了解市场行情，支撑"纺织非遗+"文化产品、服务营销能力的全面提升。

（2）信息技术助力"纺织非遗+"文化资源库构建

借助信息技术、数字化多媒体技术等科技手段，在非遗小镇、非遗驿站搭建"纺织非遗+"文化资源库，构建北京"纺织非遗+"资源保护的项目数据录入、项目管理、评审咨询、传播展示的工作平台，积累相关数据，促进纺织非遗的保护与传播、传承与创新。

4.人才引进

一方面，制定高端专业人才引进制度，围绕非遗小镇、非遗驿站的发展需要，引进设计、营销、技艺、电子商务等方面的高级专业人才，对引进的国内外人才分层分类地给予相应的待遇和便利，鼓励用人单位采取灵活多样的形式，采取项目合作、兼职服务、技术合作等方式柔性引进人才，经相关部门认可，根据项目完成情况或对当地经济贡献大小享受一定的人才补贴。

另一方面，加强纺织非遗技艺相关学科建设与研究。非遗小镇、非遗驿站要加强与纺织非遗技艺科研机构交流合作，可以在小镇的纺织非遗学校内开设传统技艺的相关课程，培养传统技艺专业技术人才和理论研究人才；积极推行现代学徒制，在非遗小镇建设一批技艺大师工作室，鼓励代表性传承人参与职业教育教学和开展研究。

三、北京"纺织非遗+"体验旅游提质行动指南

经过梳理本次"纺织非遗+"旅游体验调查问卷的结果，结合纺织非遗方面和体验旅游方面的不足，我们发现目前在实现"纺织非遗+"旅游的进程中最亟待解决的主要有以下三个问题：

①民众对纺织非遗项目整体认识程度偏低，缺少相关内容和宣传渠道，信息获取路径欠缺，宣传不到位。超过59%的人群对纺织类非遗产品没有概念。其次，了解过纺织类非遗产品的民众，偏重性也很强：在纺织非遗的各个种类中，了解过刺绣工艺的人群要远多于其他工艺种类。

②因为缺乏了解，对纺织类非遗产品的价值不认可，消费能力不足。75%购买过纺织非遗类产品的人，消费金额都是在100元以内，购买欲望较低。

③"纺织非遗+"体验旅游的现有形式较为单一，对于关键纺织非遗文化元素的融合创新作为较少，民众的体验感较差。

为解决现有"纺织非遗+"体验旅游中存在的问题，结合上述生态系统内容，进一步规划出北京"纺织非遗+"体验旅游提质行动路径，详见图8-4。

（一）"纺织非遗+"产品消费能力提升

（1）纺织非遗产品供给增多

纺织非遗元素与体验旅游相融合可以开发出多样的纺织非遗元素周边产品，纺织非遗元素可以运用到服装设计、工艺品设计、家居行业、影视作品、文化体验旅游等。纺织非遗产品包括相关的杂志、著作、期刊；普通工艺品进行市场销售，有收藏价值的珍

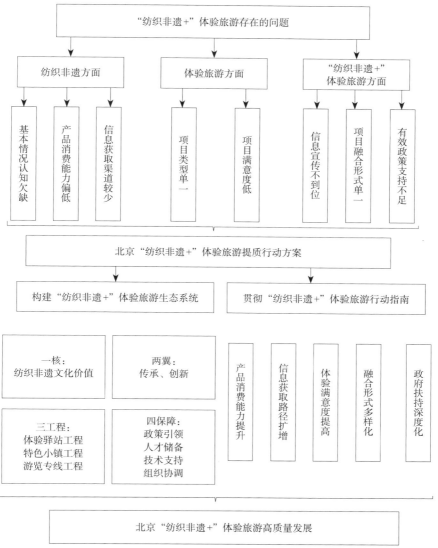

图8-4 "纺织非遗+"体验旅游提升路径

贵作品可以进行拍卖收藏；著名画作可以进行展览助力国家文化交流。不同产品可以根据不同消费人群进行市场化设计研发，生产出满足不同消费人群的纺织非遗周边产品，提升纺织非遗产品的市场竞争力。

（2）纺织非遗产品购买理念改善

要改进消费者对纺织非遗产品的购买理念，将原本购买只是为了单纯使用的消费动机转变为购买纺织非遗产品可以体现个人标签（例如文艺青年、非遗爱好者）、进行收藏投资的观念。这需要在对北京"纺织非遗+"体验旅游活动进行宣传或在销售纺织非遗周边产品的同时就有意识地进行观念的输出。

（二）"纺织非遗+"信息获取路径扩增

（1）传统媒体方面

传统媒体包括报纸、广播、电视三大方面，在报纸和广播两个渠道可以刊登和报道关于北京"纺织非遗+"体验旅游的活动内容，吸引民众的关注度；在电视媒体方面，通过专题形式拍摄纺织非遗类别（刺绣类、织布类、印染类以及服饰类），记录的内容可以关于具体纺织非遗技艺的文化、产品的制作过程、传承人的故事进行拍摄，形象生动的内容能够吸引文化爱好者以及广大群众的兴趣。

（2）新媒体方面

新媒体包括互联网和互联网移动端。在互联网传播方面，明星效应+纺织非遗宣传的方式，利用明星所自带的流量进行宣传。综艺宣传是最直接的效果，表演类节目、歌唱类节目可以让明星穿上带有纺织非遗元素的服装进行宣传，知识竞赛类节目可以有相关纺织非遗的问题，并邀请明星嘉宾以提升观看节目的人数；在互联网移动端，如手机、平板电脑等，可以在手机端分享关于纺织非遗的公众号以及纺织非遗的宣传普及文章，宣传的内容包括纺织非遗的相关活动、纺织非遗详细的介绍、纺织非遗传承人的故事等，在转发文章的过程中提升人们对"纺织非遗+"体验旅游活动的关注，并且可以通过新兴的自媒体直播带货方式进行线上直销，推动纺织非遗产品海内外销售，增强消费者对纺织非遗的关注度。

（三）"纺织非遗+"体验满意度提高

（1）提升"纺织非遗+"体验旅游活动特色

纺织非遗大多集中在少数民族聚居地区，但前往非北京地区参与体验旅游项目时间长、路途花销大、城市体验环境差。北京市可以将非北京地区的"纺织非遗+"体验旅游项目引进北京，将北京打造成全国"纺织非遗+"体验旅游的项目基地，汇集所有的纺织非遗元素的体验项目，吸引国内外游客前往北京体验参观。此项目具有高效性以及体验活动的多样性，不需要前往全国各地四处参观，只需要在北京就可以体验所有的纺织非遗项目，具有产业集群化、一站全体验等优势。

（2）提升纺织非遗传承人整体素质

纺织非遗传承人的素质高低不齐，北京作为全国"纺织非遗+"体验旅游活动的集合地，吸引着全国各地的纺织非遗传承人来到北京就业。许多纺织非遗传承人文化水平不高，无法适应快节奏的都市生活，要对纺织非遗传承人的心理健康进行定期疏导同时对行业的具体工作作出规范，对纺织非遗传承人进行系统化的培训和管理对于提升北京市纺织非遗传承工作者的整体素质具有推动作用。

（四）"纺织非遗＋"融合形式多样化

（1）活动举办

可以举办关于纺织非遗的官方活动，例如举办中国纺织非物质文化遗产大会。中国纺织非物质文化遗产大会已经举办四届，其活动的主要内容是邀请界内人士做主题演讲、纺织非遗作品展示，这种官方活动更多的是在纺织界为大家所熟知，建议与高校服装设计表演类专业联合举办，让高校学生真正有机会参与到纺织非遗的传承中，具体方式可以是全国开设服装设计专业的院校通过竞赛的方式，选取几支队伍到官方纺织非遗大会现场进行时装秀表演或者以演讲的形式展示自己的作品。

纺织非遗项目需要得到更多年轻人的关注，需要从日后参与纺织非遗工作的专业人才入手，培养他们对于纺织非遗的热爱和自信。这样一来，纺织非遗大会不再仅仅是一个官方的象征性活动，而是关乎业内、全国高校以及高校师生荣誉的能力展现平台，不仅能更好地传播纺织非遗，也可以推动纺织非遗产品的创新发展，北京作为纺织非遗的集合地，举办纺织非遗相关的官方活动可以巩固北京在全国纺织非遗领域的标杆城市地位。

（2）时尚秀场方面

在时尚秀场方面，北京作为首都可以集聚全国各地的纺织服装设计人才，举办纺织非遗相关的服饰拍卖会、北京的服饰设计大赛，打造一系列纺织非遗时尚专场和北京纺织非遗时装周，吸引国内外爱好纺织非遗的人士、热爱服装的买手、时尚行业管理人、品牌商，打造产业集群的趋势，与此同时也可以带动北京文化产业的整体消费力。同时，北京打造纺织非遗服装时装周，可以邀请国内知名的模特走秀，并且在各大媒体上直播，以提升其在行业内、国际上、时尚圈的知名度。

（3）亲身体验方面

在亲身体验方面，北京"纺织非遗＋"体验旅游在融合形式方面可以设立纺织非遗的体验场馆、纺织非遗DIY工作室、景点服装角色扮演（Cosplay）等体验服务。

①体验场馆：纺织非遗体验场馆提供VR虚拟体验、纺织非遗服饰体验、织布工具体验等，游客可以参观并体验织布、刺绣、蜡染的过程或两者相结合，并且每个体验场馆内配有穿戴纺织非遗服装的专业向导进行旅游解说，以提升整体的旅游体验感。同时体验场所可以购买纺织非遗的周边产品，例如带有纺织非遗元素的杯子、抱枕、服装、鞋子、包等。

②纺织非遗DIY工作室：DIY工作室偏向于纺织非遗产品的制作，例如体验纺织非遗的刺绣纹样、背包制作、DIY手工陶瓷等带有纺织非遗元素的手工制作。在DIY手工工作室可以设置专区，供家庭体验、个人体验、情侣体验和朋友体验，设置专区可以避

免不必要的干扰，同时DIY工作室的工作人员也可以辅助讲解。

③景点纺织非遗服装Cosplay：在各大景点的官网专区进提前预约非遗服装拍摄，以节省排队时间，成片可以通过官网填写邮寄地址收货。利用数字化网络使景点纺织非遗服装形成产业化运营模式，节省旅客的挑选时间以及工作人员的准备时间，同时让世界各地的游客在通过北京景点官网购买门票时就能了解到纺织非遗。通过景点官网设置纺织非遗服装体验预约窗口等渠道，整合双方资源，可以使体验的成本降低，这种景点纺织非遗服装Cosplay服务的体验价格也会随之降低，价格的降低有利于受众人群的增多。

（五）"纺织非遗+"政府扶持深度化

（1）政府提供专门纺织非遗发展资金

北京市政府可以设立专门的北京纺织非遗协会、北京纺织非遗基金会，主要用于协会的活动宣传支出、相关节目邀请嘉宾的费用、北京"纺织非遗+"体验旅游专项活动的活动经费补贴、纺织非遗传承人来京观光培训支出等，从政府层面带动人们对北京"纺织非遗+"体验旅游的关注，更好地带动北京在这一产业的发展，同时，发展资金的运用具有更高执行力。

北京市政府可以在北京的非遗文化消费季赠送北京"纺织非遗+"体验旅游活动项目消费券，通过发放消费券的方式提升民众参与度，同时，使用消费券可以减少体验活动的成本，有利于年轻群体的参与。

（2）政府实行税收优惠政策

在税收层面可以对发展"纺织非遗+"的企业少征收税费，或是对有进行纺织非遗元素生产贸易的公司进行退税，减轻相关企业税费负担。实行优惠税收政策可以促使国内的纺织相关企业关注纺织非遗，生产关于纺织非遗的周边产品，从供给端提高质量，让消费者可以购买到符合心意的纺织非遗文创产品。

（3）政府人才引进补贴

北京市政府引进人才，主要是有纺织非遗工作经验的人才。在引进各地纺织非遗传承人时，可在住房方面申请廉租房、提高买房申请贷款额度，解决北京户口问题两大方面对人才进行支持；在引进全国高校立志从事纺织非遗事业的高校毕业生时，给予一次性人才补贴、分配工作，解决北京户口的政策等。

---

[1] 周毅灵.纺织非遗数字化保护平台建设[J].中国纺织，2020（S5）：114-115.

[2] 罗晓晴，谈青豹.高校纺织非遗传承的有效路径[J].轻纺工业与技术，2020，49（10）：191-

192，196.

[3] 林婷婷，王伯勋. 文化消费视域下广绣非遗参与者体验价值研究[J]. 包装工程，2022，43（22）：318-326.

[4] 潘伟伟. 整合与活化——江南土布的非遗再设计研究[D]. 南京：南京艺术学院，2019.

[5] 侯宝丽. 太谷县三台村体验式乡村旅游开发研究[D]. 太原：山西大学，2019.

[6] 仲丹妮. 游客体验视角下三台山景区旅游产品开发优化研究[D]. 蚌埠：安徽财经大学，2019.

[7] 关刘君. RMP视角下京津冀纺织类非遗适应性保护路径研究[D]. 天津：天津工业大学，2017.

[8] 颉洁. 体验经济视角下基于IPA分析的旅游餐饮发展研究——以甘肃省为例[J]. 中国经贸导刊（中），2021（5）：64-67.

[9] 梁龙. 纺织非遗传承发展步入新时代——第三届中国纺织非物质文化遗产大会在昆明举办[J]. 中国纺织，2019（12）：146-147.

[10] 包文俊. 基于现代商业模式的非物质文化遗产传承策略及实践研究[J]. 汉字文化，2021（11）：162-163.

[11] 石云. 艺术管理视野下雷州葛布织造技艺非遗传承的现状反思[J]. 轻纺工业与技术，2021，50（1）：72-76.

[12] 李春笑，王燕珍，曲洪建. 纺织类非遗关注度时空特征及其传播策略研究——基于百度指数的实证分析[J]. 丝绸，2021，58（1）：52-58.

[13] 王莉敏. 特色旅游项目和新媒体的融合研究[J]. 旅游与摄影，2021（6）：22-23.

[14] 段嘉乐，王晖. 文化创意产业的融合动力机制研究——以北京市为例[J]. 现代营销（下旬刊），2020（7）：154-155.

[15] 邵萍，张辉. 北京居民文化消费分析[J]. 中国传媒大学学报（自然科学版），2020，27（6）：36-39.

[16] ADDIS M. New technologies and cultural consumption edutainment is born [J]. European Journal of Marketing, 2005, 39(7/8): 729-736.

[17] 钟梦夏. 提振非遗消费　创享美好生活——第四届中国纺织非物质文化遗产大会在沈阳召开[J]. 中国纺织，2020（S4）：148-149.

[18] 许怡菲. 不同区域的居民文化消费与经济增长关系的实证分析[J]. 中国传媒大学学报（自然科学版），2020，27（4）：62-67.

[19] 吴石英. 居民文化消费问题研究动态与展望[J]. 太原城市职业技术学院学报，2021（4）：30-32.

[20] 丁诗瑶，丁俊. 现象学视阈下游客在场的文化遗产消费研究[J]. 现代商业，2021（12）：19-21.

[21] 王宏飞. 消费文化视角下非遗创造性转化与创新性发展研究[J]. 创意设计源，2021（1）：21-27.

[22] 孟伟. 北京惠民文化消费季发展成效与经验启示[J]. 人文天下，2020（23）：59-62.

[23] 刘慧，路爽. 代际文化消费差异研究[J]. 中国国情国力，2020（12）：53-55.

[24] 庞英姿. 昆明市文化消费能力提升对策研究[J]. 中国市场，2021（18）：50-51.

[25] 曹硕，张丹，赵金龙. 江苏省纺织类非物质文化遗产项目名录整理[J]. 服饰导刊，2021，10（1）：38-47.

[26] 冯月季，高迎泽. 中华民族共同体意识认同的文化符号根基[J]. 中国民族教育，2021（10）：23-25.

[27] 韩馨娴.基于服装产业链的纺织类非遗文化保护和传承[J].纺织报告，2021，40（10）：44-45.

[28] 徐清晨，高琪云.新时代背景下纺织类非遗的传播路径探析[J].纺织报告，2021，40（9）：127-128.

[29] 王亚茹.文化基因视角下京津冀纺织类非遗区域协同保护研究[D].天津：天津工业大学，2021.

[30] 辛文.纺织非遗"活"起来不是梦——中国纺联非遗办携手名企名师助力纺织非遗新生[J].中国纺织，2021（S3）：104-106.

[31] 张宁.基于时代性的"非遗"文创纺织产品研发策略[J].轻纺工业与技术，2021，50（6）：98-99.

[32] 张丹，赵金龙.文教融合中地方高校推动区域非遗传承的实践——以武汉纺织大学为例[J].服饰导刊，2020，9（6）：65-67.

[33] 刘江雪."非遗+"背景下新疆纺织印染文创产品开发与设计研究[J].轻工科技，2020，36（5）：102-103.

[34] 武志军.文旅融合赋能纺织非遗传承[J].中国品牌，2019（8）：58-59.

[35] 宋佳，王翠玉.基于纺织类"非遗+"的精准扶贫路径研究[J].文化创新比较研究，2019，3（24）：48-50.

[36] 朱金福.数字营销背景下非遗文化消费升级与品牌塑造研究[J].中国商论，2024（11）：82-85.

[37] 阙嘉苗.动漫IP嵌入非遗手工艺生产消费的趣味区隔研究——基于布尔迪厄文化区隔理论的分析[J].产业创新研究，2023（23）：99-101.